跨越架搭设智能移动平台系统

魏晓蔚 赵庆新 曹生现 吕春晖 主 编
徐林岩 张 建 段 洁 刘 栋 副主编

中国建设科技出版社有限责任公司
北 京

图书在版编目（CIP）数据

跨越架搭设智能移动平台系统 / 魏晓蔚等主编；徐林岩等副主编．--北京：中国建设科技出版社有限责任公司，2024.10. -- ISBN 978-7-5160-4312-7

Ⅰ. TM726.3

中国国家版本馆 CIP 数据核字第 2024TV4417 号

跨越架搭设智能移动平台系统

KUAYUEJIA DASHE ZHINENG YIDONG PINGTAI XITONG

魏晓蔚　赵庆新　曹生现　吕春晖　主　编

徐林岩　张　建　段　洁　刘　栋　副主编

出版发行：中国建设科技出版社有限责任公司

地　　址：北京市西城区白纸坊东街 2 号院 6 号楼 701

邮　　编：100054

经　　销：全国各地新华书店

印　　刷：北京印刷集团有限责任公司

开　　本：787mm×1092mm　1/16

印　　张：11.5

字　　数：260 千字

版　　次：2024 年 10 月第 1 版

印　　次：2024 年 10 月第 1 次

定　　价：60.00 元

本社网址：www.jccbs.com，微信公众号：zgjskjcbs

请选用正版图书，采购、销售盗版图书属违法行为

版权专有，盗版必究。 **本社法律顾问：北京天驰君泰律师事务所，张杰律师**

举报信箱：zhangjie@tiantailaw.com　　举报电话：（010）63567684

本书如有印装质量问题，由我社事业发展中心负责调换，联系电话：（010）63567692

本书编委会

主　　编：魏晓蔚　赵庆新　曹生现　吕春晖

副 主 编：徐林岩　张　建　段　洁　刘　栋

编写人员：范新广　王　恭　许洪波　韩　勇　林泽南　李　鹏

李冬冬　邹尊强　张改华　陈　鹏　董丽丽　刘德才

曹振华　李俊林　秦善萌　吴　冰　王国朋　苏志然

陈金亮　王立君　赵丛丛　李振玲　刘雨涵　周　静

段贵超　王玉辉　王　亮　唐　杰　蔡历齐　郑　航

赵　波　唐振浩　刘　鹏　范思远　孙天一　吕昌旗

王　啸　董　利　李万超　邱　帅　杭广森　岳宗勇

王庆忠　展　鑫　马雪芹　王广晨　王鑫磊　柏　婷

李　震　高　涵　王　宇　宋沅桦　董　珂　吴　丹

谢　晗　申松达　孙会京　孙圣尧　邵　旭　范宇鹏

井苗苗　马佳丽　许飞洋　祝文显

前　　言

随着我国经济建设对电力需求的不断增加，电力建设和供应已成为国家经济发展的重要支柱。在一次能源和工业布局分布不均衡地区，电网建设需采用远距离输电方式，这就导致在输电线路施工中需要搭设大量的跨越架。然而现有跨越架搭设存在作业空间小、耗时长、高空作业以及用工数量较多等特点，因此，开发一种智能化跨越架搭设方法对于确保施工安全和供电安全具有十分重要的意义。

本书遵循准确性和专业性原则，首先总结了跨越架发展概况、跨越架搭设技术及未来发展趋势、施工风险及避险措施；然后介绍了跨越架搭设平台设计所涉及的控制理论知识，阐述了跨越架搭设智能移动平台和跨越架地脚调整辅助作业装置的设计方法；最后，介绍了跨越架搭设智能移动平台作业流程及操作注意事项。

本书内容详实、循序渐进、易于理解，具有一定的学术和工程应用价值，相信该书将对相关领域的学术研究、工程应用和人才培养起到推动作用，欢迎相关行业从业人员及科研工作者阅读与参考。敬请读者批评指正。

本书编委会

2024 年 5 月 1 日

目录

CONTENS

第1章 绪 论

随着我国经济建设的迅速发展，电力方面的需求在不断增加，电力建设和供应已成为国家经济发展的支柱。然而，由于我国部分地区存在一次能源和工业布局分布不均衡的情况，导致电网建设必须采用远距离输电方式，在输电线路施工中需要搭设大量的跨越架。随着技术的不断进步和电力行业需求的变化，跨越架搭设方法和设计也得到了显著的发展。

1.1 跨越架发展概况

1.1.1 跨越架分类

跨越架是一种在电力输电线路施工中常用的设备，主要用于帮助导线安全、顺利地跨越其他电力线路、公路、铁路、河流等障碍物。因此，跨越架的设计和施工对于确保施工安全和供电安全至关重要。跨越架拥有多种结构和形式以应对不同工程需求，在设计跨越架时，需综合考虑施工条件、安全规范和成本效益等设计条件，保证其承载能力、结构稳定性和施工便利性。确保其既能满足实际工程需求，又不会对下方的交通或施工场景产生影响，提高施工的安全和效率。

1. 按结构分类

跨越架在不同分类标准下有不同的分类方式。按照跨越架结构可分为悬挑式、支撑式、桁架式以及伸缩臂式跨越架。

（1）悬挑式跨越架

悬挑式跨越架通常由一系列的支撑柱和横梁组成，支撑柱垂直于地面，横梁则水平跨越障碍物，能够在不影响地面交通或地形的情况下继续延伸，因此可以节省地面空间，并减少对地面环境的影响。这种形式尤其适合在城市或山区等空间有限的地方进行施工。

（2）支撑式跨越架

支撑式跨越架与悬挑式跨越架不同，其横梁并非直接悬挂在空中，而是通过支撑物支撑在地面上，因此支撑式跨越架的结构更像是一个大型的桥梁。由于横梁通过支撑物支撑在地面上，支撑式跨越架的稳定性通常比悬挑式跨越架更高。在跨越较短距离或地形较平坦的情况下，支撑式跨越架的建造成本也更低廉。

（3）桁架式跨越架

桁架式跨越架由一系列水平和垂直构件组成，形成了一个类似于桁架的结构，横跨在障碍物之上。它有优秀的强度和刚度，能够承受较大的水平和垂直载荷。桁架式跨越架的构件通常可以在工厂预制，然后在现场进行组装，因此施工相对便利，且工期较短。

（4）伸缩臂式跨越架

伸缩臂式跨越架是为了减少跨越高压电力线停电时长或避免停电，从而提高跨越施工的安全可靠性而设计的新型封网装置。如图 1-1 所示，该装置采用组合“门型”格构式跨越架为架体，伸缩式多节玻璃钢臂为封网装置，在电力线上方快速对接形成刚性臂桥，臂上的封网杆对被跨越电力线形成有效遮护。该型跨越架适用于短时或不停电跨越 110kV 及以上电力线的施工。

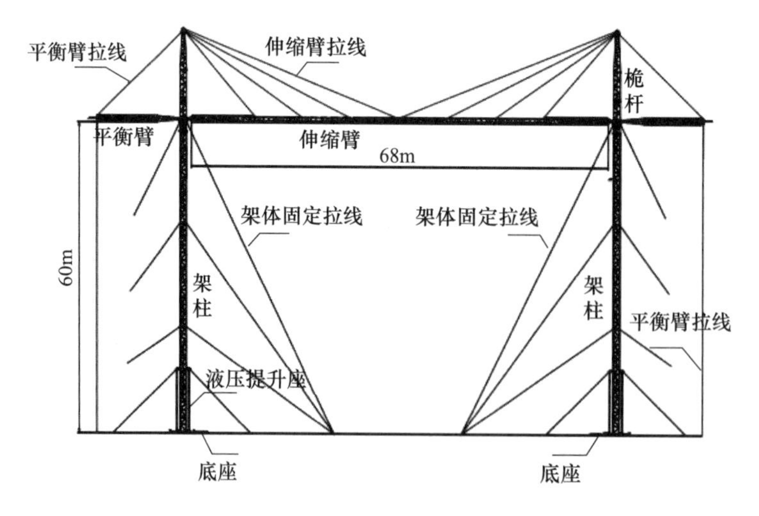

图 1-1　伸缩臂式跨越架主视图

伸缩臂式封网跨越架由跨越立柱架体、伸缩臂、平衡臂、拉线和封网杆系统组成。伸缩臂式跨越架能够减少被跨电力线路的停电时间，并减少受外部条件的制约，从而提高跨越施工的安全可靠性。

2. 按封顶网形式分类

跨越架按封顶网形式分类可分为不封顶式跨越架和封顶式跨越架。

（1）不封顶式跨越架

不封顶式跨越架不需要在跨越架的顶部设置封顶网或其他封闭结构，这种跨越架主要用于一般跨越情况和停电架线的场景，其包含多种结构类型的跨越架，包括简易式跨越架、桁架式跨越架、立柱式跨越架、组合式跨越架、移动式跨越架和索道支持式跨越架。不封顶式跨越架的结构相对简单，便于快速搭建和拆卸。

（2）封顶式跨越架

封顶式跨越架是一种特殊设计的跨越架结构，主要用于跨越宽广的障碍物，如高速公路、铁路、河流等，同时提供上方覆盖，以适应特定的工程需求或环境条件。封网跨越的结构形式分为整档封网和半档封网。其中，整档封网适用于跨越档距较小的线路，或者是离档距中间较近的跨越线路。半档封网主要适用于被跨线路比较靠近于跨越档中的单侧的某基铁塔；对于两端跨越塔呼高比较低，不能达到档封网要求，但档内有多条带电线路的跨越也可以适用。在220kV带电线路上方架设500kV带电线路时，可采用临时横担半档封网的施工技术完成带电跨越。封顶式跨越架包括金属架体结合封顶绝缘网、毛竹跨越架、立柱式跨越架和格沟立柱式跨越架等。

3. 按功能及安装方式分类

此外，根据功能及安装方式可以分为预制跨越架和模块化跨越架。

（1）预制跨越架

预制跨越架是指在工厂预制跨越架的各个部分，然后运输到现场快速组装，这种方法适用于标准化程度高的跨越需求。首先，根据工程需求和现场条件，设计预制跨越架的结构和尺寸，在工厂中按照设计图纸制造预制组件，包括梁、柱、支撑等，并将制造完成的预制组件运输到施工现场。然后，准备现场基础，确保地面平整坚实，以适合安装预制跨越架。使用起重设备（如吊车）将预制组件吊装到指定位置，根据设计要求，将各个预制组件连接固定，确保结构稳定。完成安装后，对跨越架进行全面检查，确保所有连接符合设计和安全标准，并进行必要的功能测试和质量验收，确保跨越架满足工程需求。

（2）模块化跨越架

模块化跨越架类似于预制跨越架，但为模块化设计，现场组装时可以根据实际情况快速调整，提供更多的灵活性，适用于多变的工程条件。可根据工程需求和现场条件，规划模块化跨越架的结构和布局，确定所需模块的类型、数量和尺寸。在工厂中生产标准化的模块化组件，包括横梁、立柱、支撑等，进行质量检查，确保组件符合设计标准。将制造好的模块运输到施工现场，根据设计图纸，将模块组件按顺序连接和固定，构建出完整的跨越架结构，并使用螺栓、锁紧装置等连接件确保模块之间的稳定连接。

1.1.2 跨越架发展

跨越架的发展经历了从简单到复杂、从传统到现代的演变过程，其间经历了多个阶段，包括材料技术的进步、结构设计的优化、智能化技术的应用。

跨越架的雏形最早可以追溯到 19 世纪初期，当时主要用于船厂和重工业领域来搬运重型船舶和机械设备，早期的跨越架主要采用钢材制造，包括普通碳钢、合金钢等。这些材质具有较好的强度和耐磨性，但在重载运输和特殊环境下存在一定的缺陷，如易生锈、重量较重等。

20 世纪初期随着工业化的进程，跨越架逐渐应用于更广泛的领域，如制造业、采矿业、建筑业等，逐渐成为重要的搬运设备，这一阶段的跨越架开始采用更高强度的合金钢和特殊合金材料，以提高承载能力和使用寿命。

随着科技的进步，20 世纪中期跨越架开始出现自动化和电气化的趋势，配备电动驱动系统和遥控操作系统，提高了设备的运行效率和安全性。同时，一些轻量化材料如铝合金也开始逐渐应用于跨越架的制造，以减轻自重、提高运行效率。

随着信息技术的发展，20 世纪后期至 21 世纪初期跨越架逐渐向智能化迈进，通过配备先进的控制系统和传感器，实现了自动化操作、远程监控和故障诊断等功能。随着跨越架智能化水平的提高，材料也得到了进一步的优化和改进。一些先进的工程塑料、碳纤维复合材料等高强度、轻量化材料开始应用于跨越架的制造，以满足智能化设备对重量、耐久性和环保性的要求。总体来看，跨越架已逐渐趋向于多样化、智能化、环保节能和定制化，以满足不同场景和需求的要求。

我国脚手架发展至今，普遍形成以下三种钢管架体系。

（1）扣件式钢管脚手架

通过扣件连接并用螺栓拧紧的方式将组件进行组合，由于该脚手架在当时具有制作简便、运输快速、适应性广等特点，广泛应用于工程实际。到 20 世纪 90 年代初期，该脚手架的使用率是当时脚手架使用率的三分之二，直至今日，这种脚手架依然主导着脚手架市场。但是，这种脚手架在实际工程当中也存在着安全性差、可靠性低、安装不稳定等缺点，有其自身适用的条件和规定。相应的规范规程规定了该脚手架在实际应用当中的极限高度一般不能超过 33m，大大削弱了该脚手架在现今高层、超高层条件中的应用。随着时代的发展，该脚手架的适用范围越来越小。

（2）门式钢管脚手架

门式钢管脚手架是以门架为单元，通过连接部件将门架互相搭设在一起的钢管脚手架。我国也曾在 80、90 年代广泛应用过该种脚手架。该脚手架由美国 Beatty 公司制造，日本在 20 世纪 60 年代初期推进该脚手架，并对其拟定了相关标准，明确了使用该脚手架的相关规定。门式钢管脚手架以门架为单元实现脚手架的装拆使用，是很大的突破和改革。由于该脚手架具有操作简单、装拆方便、受力性能好、安全可靠的特点，在许多国家得到应用和推广。但是由于其以门架为单位，导致形式比较固定单一，而且门架在装拆过程中容易出现由人为操作的疏忽造成的过度变形，在一定程度上有其局限性。

（3）承插型盘扣式钢管脚手架

承插型盘扣式钢管脚手架（如图 1-2 所示）是一种先进的脚手架系统，因其结构简单、稳定可靠、搭建方便等优点在各施工现场得到了广泛应用，包括建筑施工、桥梁建设、公路和铁路的支撑架系统等多种场合。这种脚手架以其高效的组装、拆卸速度和优良的结构稳定性而越发受到电力行业青睐。

图 1-2　承插型盘扣式钢管脚手架

承插型盘扣式钢管脚手架由立管（标杆）、横管（横杆）、盘扣节点、支撑管（斜杆）和基座共同组成。立管（标杆）作为脚手架的主要垂直承载构件，顶部通常带有插口或承插头，用于连接横向构件。横管（横杆）与立管连接，用于提供水平支撑，增强结构稳定性。盘扣节点是承插型盘扣式钢管脚手架的核心部件，用于连接立管和横管。节点设计有多个插孔，可以灵活调整横管的连接角度。支撑管（斜杆）斜向设置，与立管和横管连接，用于提供额外的稳定性和承载能力。基座放置于脚手架底部，用于分散脚手架重量，保护地面不被损坏。

承插型设计使得组件能够迅速连接和固定，大幅度提高了搭建和拆卸的速度。由于其承插和盘扣机制，搭建过程能够有效减少工具使用，降低了劳动强度。此外，盘扣连接点提供了三向固定，增加了结构的稳定性和承载能力，并在设计中考虑了抗震和抗风能力，为工作人员提供了更安全的工作环境。

随着技术的不断发展和市场需求的变化，承插型盘扣式钢管脚手架的设计和制造技术也在不断改进和提高。未来，该类型脚手架将更加注重安全性、环保性和施工效率，不断满足实际施工需求。

1.2 跨越架搭设技术概况

1.2.1 搭设流程

跨越架搭设是一个复杂且需要精确执行的过程，涉及到多个步骤和详细的工艺，其常规工艺流程包含规划和设计、材料准备、基础施工、跨越架组装、附属设施安装以及检查和测试等流程。

1. 方案规划和设计

在搭设跨越架之前，需要充分进行详细的规划和设计工作，评估跨越的位置、长度、高度以及地形和周边环境，确定跨越的安装位置、跨越架的选用类型和尺寸。进一步根据评估结果设计跨越架结构，包括负载计算、材料选择和安全要求，规划搭建步骤和所需资源。

2. 搭设材料和设备准备

根据设计要求，准备所需的材料和设备，包括钢材、铝合金、混凝土、连接件、支撑、桁架等材料、用料以及各种吊装设备。

3. 基础施工

在施工前，清理施工场地，确保无障碍物干扰施工。在确定好跨越架支撑点位置后，开展基础施工工作。其中涉及到挖掘、浇筑混凝土、安装地脚螺栓或预埋件等步骤，确保跨越架实现稳固支撑。

4. 跨越架组装

根据设计要求和现场条件，通过吊车或其他起重设备，组装跨越架的各个零部件，将跨越架的主梁、支撑柱等部件安装到位，并进行连接和固定。

5. 附属设施安装

在跨越架安装完成后，需要进一步安装跨越架附属设施，如绝缘子、导线、防护罩等。

6. 检查和测试

完成上述流程后，需要对跨越架总体进行全面的检查和测试，确保跨越架的结构符合设计要求和标准规范。最后进行最终的结构和安全检查，并由专业人员进行验收，确认符合设计和安全标准。

1.2.2　搭设方法

跨越架搭设方法众多，针对不同类别的跨越架一般会采取不同的搭设方法。在选择跨越架的搭设方法时，需要综合考虑现场条件、跨越的距离、施工成本、施工速度、安全性以及环境影响等因素。每种方法都有其特定的适用场景，且在实际操作中可以根据具体情况做出调整。此外，所有跨越架的搭设都必须遵循相关的安全标准和操作规程，以确保施工人员和周围环境的安全。

在搭设跨越架时，常常会面临带电跨越施工的情况，在此工况下一般采用如下两种跨越搭设方法。

（1）金属架体与封顶绝缘网相结合跨越搭设

这种方法通过在被跨越电力线路两侧组立以铝合金抱杆为支承，在两个铝合金架体中间设保护绝缘网进行保护，适合各种电压等级线路的跨越。同时，整个架体搭设所用柱体形式多样，选择性大，其工具、材料、运输等施工需求较搭设竹质或钢管跨越架更少，能够大幅节省人力和物力资源，提高搭设速度。但这种搭设方法必须通过拉线来控制跨越架的稳定性，拉线范围内必须有足够的场地打拉线进行临时锚固，因此不适合地形狭窄的地方。

（2）绝缘索桥跨越搭设（见图 1-3）

绝缘索桥带电跨越是近年来发展起来的一项新型跨越技术。目前，国内外常用的索桥跨越方式分为两类，分别是整体吊桥式和单向吊桥式。其跨越方法是在跨越档两侧的杆塔上分别安装钢结构支架作为“受力承托系统”，利用高强度的迪尼玛绝缘绳作为承力索，并依据被跨电力线的保护范围，在承力索下吊挂高强度绝缘杆，从而在跨越档间架起一道保护索桥，以对下方的带电线路进行保护。在进行张力放线施工时，导地线均在绝缘索桥内通过，即使发生跑线的事故，绳线也只是会落到绝缘索桥上，而不会影响到运行中的带电线路。因此，整个架线过程十分安全可靠。

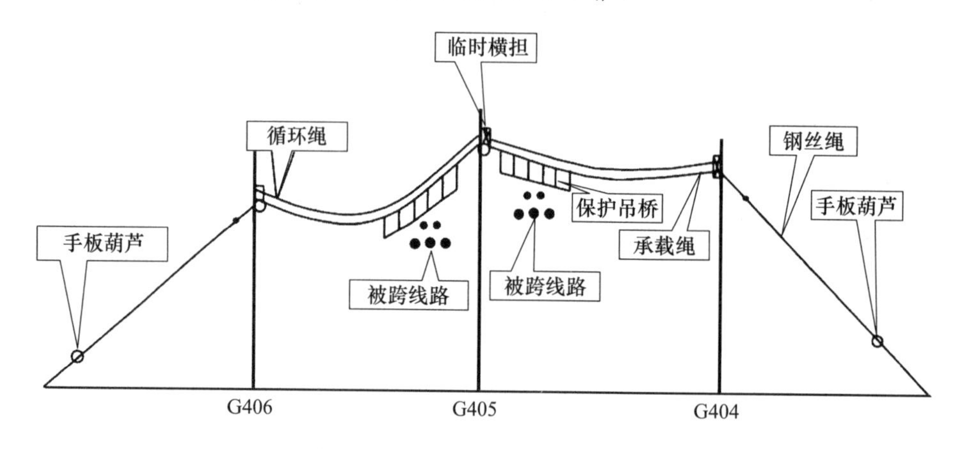

图 1-3　索桥跨越架线施工技术示意

为了提高跨越架搭设效率，以及应对实际施工环境的特殊性，在施工过程中经常借助自动化或机械化设备辅助作业。

（1）高空作业车跨越搭设法

使用高空作业车，特别是那些带有伸缩臂的车辆，可以直接在高空作业平台上搭设临时跨越架，其适用于城市地形复杂、空间有限的地方。根据跨越的障碍物类型和距离，选择具有适当工作范围和高度的高空作业车，如臂架式高空作业车，确保高空作业车在稳固的地面上操作，使用支撑腿或稳定器增强稳定性。将高空作业车定位于跨越区域的一侧，确保工作平台能够安全到达对面。对于重型设备或材料，可以使用吊车或起重机将其吊装至跨越区域的另一侧，吊装过程中需要精确控制，避免摆动或碰撞，确保安全稳定。

（2）吊车搭设法

利用吊车搭建更高的跨越架，这种方法适用于需要快速搭建跨越架的场合，更适合临时跨越或在施工场地难以进行大规模地面作业的情况。根据工程需求和现场条件，设计合适的跨越架结构，包括尺寸、材料和承载能力，然后根据跨越架的重量和尺寸选择合适的吊车，确保吊车具有足够的起重能力和作业范围。作业时需首先清理工作区域，确保地面平整坚实，适合吊车和跨越架的安装。然后将跨越架的组件在地面上预先组装成若干部分，以便于吊装，并制定详细的吊装计划，包括吊装顺序、路径和安全措施。接下来，使用吊车将预制的跨越架组件逐一吊装到指定位置，并按照设计要求进行连接和固定。最后，在吊装过程中和吊装完成后，检查跨越架的结构稳定性，确保所有连接牢固可靠。

（3）气垫船或无人机搭设法

在水域或其他不适合重型机械作业的地区，可以利用气垫船搭建跨越架，并利用无人机运送轻质材料或进行跨越点的勘测。

气垫船搭设法是使用气垫船运输跨越架的组件至指定位置，适用于跨越水域或湿地等软基地区的架设工作。气垫船可以在水面上平稳移动，减少对环境的破坏。作业时在气垫船上预装跨越架的部分结构，然后在目标位置进行组装和固定，根据不同工程要求可能需要搭配小型吊机或其他起重设备。

无人机搭设法适用于小型跨越架或在难以接近的地区进行初步架设工作。使用无人机进行空中勘察，评估搭设地点的条件和难度，并使用无人机搭载小型跨越架组件或材料至指定位置。对于较重的组件，可根据现场实际情况采用多架无人机协同作业，利用无人机的高精度定位能力，确保跨越架组件准确放置和安装。

1.2.3 未来发展趋势

跨越架搭设的发展反映了各行业施工对提高效率、安全性和可持续性的不断追求，鉴于电力行业跨越架搭设作业具有空间狭小、搭设时间紧迫、涉及高空作业、用工数量较多等特点，现场安全施工压力较大，亟待通过智能化、自动化和机械化手段进一步提高施工效率，降低作业风险，减少作业人员数量，提升工程效益。

随着技术的进步和对环境保护的关注，未来跨越架的搭设将继续向着更高效、更安全、更环保的方向发展。

1. 智能化和自动化技术的应用

智能化与自动化技术的崛起对跨越架搭设产生了深远影响。随着信息技术的迅猛发展，传感器、监测设备和远程控制系统在跨越架上的应用变得日益广泛。例如，通过引入智能化监控系统能够实时监测跨越架的状态和性能，监测施工现场安全情况，并通过自动识别潜在危险来预防事故发生；利用无人机等先进技术进行现场勘察和监督，能够提供全方位视角，从而减少高空作业带来的风险。除了智能化监控系统，还可以引入智能安全帽或穿戴式设备来监测作业人员的身体指标和工作状态，这些设备可以及时发现工人可能存在的异常情况，及时采取措施保障工人的健康和安全。另外，运用自动化机器人和机械臂进行一些重复性、危险性较高的作业也是有效措施。比如，利用机器人进行起吊和拧螺栓等工作，可以减少人力介入，降低事故发生的概率，提高施工效率。通过引入智能化监控系统、智能安全设备以及自动化机器人等技术手段，可以全面提升施工现场的安全水平，保障工人的健康和生命安全，同时提高施工效率和质量。

2. 机械化手段的应用

引入机械化起重设备，如吊车、塔吊等，能够实现施工现场材料的快速高效运输和吊装。这种机械化设备具有强大的起重能力和精准的操作性，可以有效提高施工效率，同时降低人工操作的风险。另外，采用机械化的搭设工具和模块化组件也是提高施工效率和质量的重要手段，这些工具和组件能够简化施工流程，减少人工操作，从而提高搭设速度和质量。综上所述，引入机械化起重设备、搭设工具和模块化组件，能够有效提高施工现场的安全性、效率和质量，从而为工程项目的顺利进行提供有力保障。

3. 数字化设计手段的应用

在工程设计和规划方面，计算机辅助设计（CAD）和计算机辅助工程（CAE）可作为跨越架结构设计的先进工具，使得工程师能够更准确地模拟和分析跨越架在不同条件下的性能，优化结构设计，提高其稳定性和安全性。同时，仿真技术应用也可以有效减少在实际搭建前的试错次数，降低工程成本。这种数字化设计的趋势有望为未来跨越架的设计和搭建提供更为高效的解决方案。

4. 施工管理和培训优化

实施全面的施工计划和进度管理是确保项目顺利进行的重要一环。通过合理安排施工顺序，可以避免施工冲突和交叉，提高施工效率。这需要进行详细的施工规划和排程，确保各项工作有序进行，充分考虑资源的合理利用和施工过程中可能出现的问题以及应对措施。另外，加强现场安全培训和技能培训也是保障施工安全的重要措施。通过提升作业人员的安全意识和操作技能，可以有效降低事故发生率。为了实现施工过程的实时监控和数据分析，可以采用信息化管理系统，该系统可以收集施工现场的各种数据，包括进度、质量、安全等方面的信息，通过数据分析和监控，及时发现问题并采取措施进行调整，以提高施工效率并确保项目顺利进行。

综上，通过智能化、自动化和机械化手段的综合应用，可以有效提高跨越架搭设的施工效率，降低作业风险，减少作业人员数量，从而提升工程效益，确保施工安全和质量。

在未来，随着电力系统的进一步发展和能源转型的推进，搭建跨越架技术将继续迎来新的挑战和机遇。一方面，随着电力需求的增长，对跨越架的可靠性和适应性的要求将更为严格。另一方面，新型能源技术的应用可能引发对电力系统结构的重新设计，从而对跨越架提出更高的技术要求。因此，未来的跨越架搭设技术发展将不断面临新的问题和需求，需要工程师们不断创新和拓展技术边界，以应对电力系统不断变化的需求。

1.3　跨越架搭设施工风险

1.3.1　施工风险形式

在跨越架的施工过程中可能涉及的风险包括跨越架坍塌风险、气候环境风险、管理不足风险、交通环境风险以及意外事件风险。

1. 跨越架坍塌风险

使用低质量或不合格的材料可能会导致跨越架结构的强度不足，增加了倒塌风险。此外，跨越架结构的不稳定性也会导致坍塌危险，造成人员伤亡和财产损失。

2. 气候环境风险

施工现场可能存在的问题包括地形不平、天气恶劣、周围环境复杂等，这些都可能增加施工的风险。

3. 管理不足风险

施工过程中的安全管理不到位，如未采取适当的安全措施和个人防护装备，施工人员缺乏经验或技能不足的可能无法正确地安装和维护跨越架，增加了事故风险。

4. 交通环境风险

跨越架可能横跨道路、铁路或其他交通要道，施工过程中交通管理不善或未能考虑周围环境因素可能增加事故发生的风险。

5. 意外事件风险

如地震、火灾等自然灾害或其他意外事件可能会对跨越架施工造成影响，增加了施工风险。

跨越架的施工包含一系列潜在的安全风险，主要由于其结构特点和施工环境的复杂性所导致，跨越架安全事故的时常发生对施工人员的生命安全和生产设备造成了威胁和损坏，以下为跨越架搭设施工事故案例。

2023 年 1 月 8 日上午 8 时左右，湖南省某公司承建的浅圆仓工程发生一起脚手架坍塌事故。事故发生筒仓高度为 25.5 米，当时有 3 名脚手架作业人员正在开展筒仓内脚手架拆除作业，拆除作业时未按照专项方案从上往下逐层拆除，而是先拆除了剪刀撑、扫地杆，导致内脚手架架体整体失衡坍塌。

2023 年 10 月 9 日下午，广东省韶关曲江区某小区在建附属商铺（共二层）项目发生施工脚手架局部垮塌事故。

2022 年 9 月 25 日山东省日照市莒县某公司预热器分解炉改造施工过程中发生脚手架坍塌事故，直接经济损失 845.8 万元。造成此次事故的直接原因为脚手架搭设存在结构性缺陷，施工荷载过大，致使架体超过极限承载力而失稳整体坍塌。

2021 年 7 月 11 日广东省深圳市某建筑工地，1 名工人在作业时不慎踩穿脚手架密封翻板坠落。经调查，事故原因系升降脚手架未按安全技术规范搭设脚手架与主体结构之间的密封翻板，工人作业时不慎踩穿密封翻板，导致从脚手架与大楼主体结构之间的间隙坠落。

1.3.2 风险防范措施

跨越架施工是一个涉及高度专业知识和技能的过程，要求严格遵循安全标准执行，以确保施工质量和人员安全。每个施工阶段，从材料选择到最终的拆卸，都必须细致规划和严格监控。施工人员不仅需要接受专业培训，掌握相关的技能和知识，还必须在施工现场穿戴个人防护装备，以防止跌落或其他类型的事故。特别是在复杂或特殊环境下的跨越架施工，如不稳定的地形、恶劣的天气条件、高压电线附近等，需要采取额外的安全措施和专门的工艺来应对可能出现的风险，包括使用特殊材料、加强结构稳定性措施、实施更严格的现场监控等。

为保障跨越架搭设的安全稳定性，在搭设前必须进行详细的风险评估和工程分析，以确保设计方案能够满足实际需要并符合所有安全要求。施工过程中应实时监控工程进度和结构稳定性，及时调整施工策略以应对任何突发情况。施工结束后，还需要对跨越架进行彻底检查，确认所有部分都已正确安装且稳固，没有任何安全隐患。此外，应制定有效的应急预案，以便在出现结构失稳或其他紧急情况时迅速采取行动，保护施工人员和设备的安全。总之，跨越架的施工不仅需要严格遵守设计和安全标准，还要求施工团队具备高度的专业知识和经验。通过全面的培训、适当的个人防护、精确的风险管理和实时的监控，最大程度上确保施工安全。

1.4 本书内容与组织结构

针对电力系统现有跨越架搭设存在的作业空间小、耗时长、高空作业、用工数量较多等特点，本书研发了跨越架搭设智能移动平台以及跨越架地脚调整辅助作业装置。该移动作业系统通过融合智能化、自动化和机械化手段，可有效提高跨越架搭设效率，缩短项目施工周期，减少高空作业人员数量，并降低高空作业安全风险，高效保障施工安全。本书各章节安排及内容如图 1-4 所示。

第 1 章绪论。简要介绍跨越架发展概况，并对跨越架搭设技术及未来发展趋势进行介绍；分析目前跨越架搭设存在的施工风险形式及避险措施，针对电力系统现有跨越架搭设特点，提出本书跨越架搭设智能移动平台以及跨越架地脚调整辅助作业装置。

第 2 章理论基础。介绍跨越架搭设平台设计所涉及的控制理论知识，为设计移动平台控制系统、地脚调整辅助作业装置相关控制方案提供理论支撑。

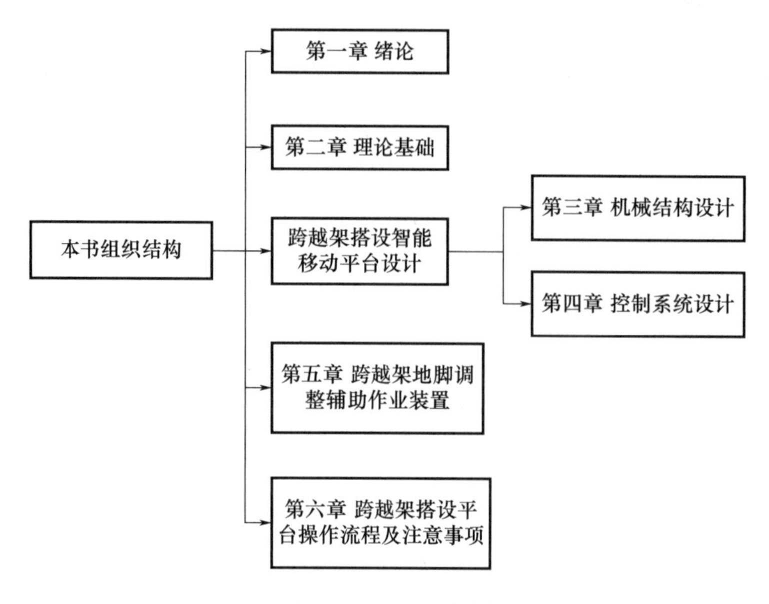

图 1-4 本书组织结构图

第 3 章跨越架搭设智能移动平台机械结构设计。采用模块化设计方法设计跨越架搭设智能移动平台的机械系统，具体包括横移机械系统、纵移机械系统、载人平台系统、物料吊运系统和平台传动机构，每个子系统都是集机构、驱动装置及传动机构为一体的模块单元，各个模块通过特定的方式连接构成跨越架搭设移动作业系统的整体结构。

第 4 章跨越架搭设智能移动平台控制系统设计。对跨越架搭设智能移动平台控制系统进行设计与实现，具体包括驱动系统、同步系统、平衡系统、支撑定位系统、远程监控系统，各子系统共同协调完成平台升降、平移作业任务以及远程监控任务，高效协助完成跨越架搭设工作。

第 5 章跨越架地脚调整辅助作业装置。设计了一款电动扳手来自动调节跨越架地脚高度，使跨越架的支撑点与地面保持平行，从而提供稳定的支撑。基于电动扳手定扭矩控制方案和机械结构，围绕系统功能需求，以模块化的设计思想设计系统总体方案，确保扳手能够稳定、可靠地运行。

第 6 章跨越架搭设平台操作流程及注意事项。对跨越架搭设智能移动平台作业流程及操作注意事项进行介绍，以指导现场作业人员规范平台操作流程，安全、高效利用本平台完成跨越架搭设工作。

第2章 理论基础

设计跨越架搭设智能移动平台及其地脚调整辅助作业装置涉及到多方面的理论基础，这些基础知识贯穿整个设计过程。本章将全面介绍平台控制、地脚调整辅助作业装置控制所涉及的控制原理，以此提出各系统控制算法及策略。通过深入理解这些理论基础，设计者可以更好地把握搭设平台的结构、稳定性、承载能力以及辅助工具的功能性和可靠性，从而确保设计方案的科学性、实用性和安全性。

2.1 PID控制

PID控制是一种常用的反馈控制方法，用于提高系统的稳定性和响应性能。PID代表比例—积分—微分，由三个部分组成，即比例（P）、积分（I）和微分（D）。比例控制（P）根据当前误差的大小来产生输出，它的输出与误差成正比；积分控制（I）根据误差的累积量来产生输出，作用是消除稳态误差；微分控制（D）根据误差变化的速率来产生输出，作用是预测误差的未来变化趋势，从而提前调整输出。

PID控制器的主要参数由K_P（表示比例）、K_I（表示积分）、K_D（表示微分）三大部分组成。它的数学描述为：

$$u(t)=K_P\left[e(t)+\frac{1}{T_I}\int_0^t e(t)\mathrm{d}t+T_D\frac{\mathrm{d}e(t)}{\mathrm{d}t}\right] \tag{2.1}$$

PID控制通过将比例、积分和微分控制器的输出进行线性组合来计算最终的控制输出。PID控制的关键是选择适当的增益参数，增益参数的选择取决于控制系统的特性和需求，需要通过试验和调整来优化控制性能。

当执行机构按照控制量的增量输出时，可以由式（2.1）得到增量PID

控制算式，根据递推原理可得：

$$u(k-1)=K_{\mathrm{P}}e(k-1)+K_{\mathrm{I}}\sum_{j=0}^{k-1}\{e(j)+K_{\mathrm{D}}[e(k-1)-e(k-2)]\} \quad (2.2)$$

用式（2.1）减去式（2.2），可得：

$$\begin{aligned}\Delta u(k)&=K_{\mathrm{P}}[e(k)-e(k-1)]+K_{\mathrm{I}}e(k)+\\&\quad K_{\mathrm{D}}[e(k)-2e(k-1)+e(k-2)]\\&=K_{\mathrm{P}}\Delta e(k)+K_{\mathrm{I}}e(k)+K_{\mathrm{D}}[\Delta e(k)-\Delta e(k-1)]\end{aligned} \quad (2.3)$$

其中，

$$\Delta e(k)=e(k)-e(k-1) \quad (2.4)$$

增量控制算法有很大的优势，具体体现在控制器可以在没有扰动的情况下自由转换，且控制器误操作较小。当控制器出现问题时，该算法能够保证原输出值，再经过加权处理，很容易取得令人满意的控制效果。但是由于其积分截断效应大，有静态误差，溢出影响大。在实际操作过程中，基于条件和环境的局限性等，PID 参数的整定往往很难达到最优的状态，一旦控制器参数整定好后，控制器作用就不再由于控制对象的变化而发生改变，因此，常规的 PID 控制对于非线性的动态过程控制难以达到期望的效果。为了弥补这些不足，可以考虑引入其他算法，如模糊算法、神经网络算法等，将 PID 控制器与这些算法相结合，对 PID 控制器进行改进，得到改进后的 PID 控制器。

2.2 模糊 PID 控制

在基本原理上，模糊控制系统与传统的控制方式基本一致，其最大的不同在于控制器的设计。模糊控制系统的组成主要有模糊化环节、模糊推理环节以及清晰化环节。其次，还包括了“量化因子”与“比例因子”这两个转换环节，用于在清晰量与模糊量之间进行来回切换。

模糊控制器的工作流程具有操作简便的特点。它的过程可以简单地总结为：当一个清晰的数字信号输入到控制器中时，它会通过模糊化模块将其转换成模糊性的信号，然后将其传递给模糊推理，进而通过模糊逻辑的模式化模块将其转换成数字信号，从而调整被控对象。

模糊控制器与常规控制器的最大区别是，它无须受被控对象的工作机制影响，可以把被控对象看成“黑箱”，通过大量“训练”的数据，归纳和构造出具有较好控制效果的模糊规则库。

2.2.1　模糊控制原理

模糊控制是以模糊理论为基础，模拟人类大脑对未知对象的识别、判断和推理的能力。其基本步骤是：建立模糊控制系统，在收到对应的信号时，由控制系统进行模糊处理，再通过模糊规则对其进行运算，从而获得一个特定的控制量，然后根据所述控制量进行控制，从而实现模糊控制。这个理论是模拟人脑对抽象事物的判断推理，通常用“if 条件，then 结果”来表示。在实际中，它主要用于不能准确描述的控制对象。其控制原理如图 2-1 所示。

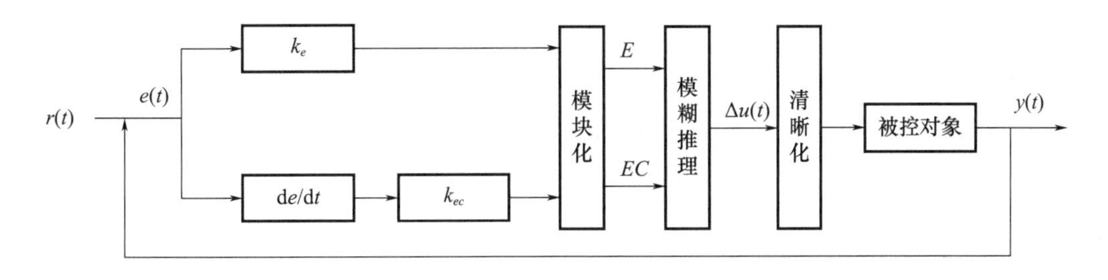

图 2-1　模糊控制器结构图

如图 2-1 所示，计算机中实现模糊控制器的过程可以简单地描述如下：首先获得被控对象的实际信号，并与设定的目标值相比较，求得其差值，再将其作为模糊控制器的输入，然后通过模糊化处理得到模糊量；再通过定义的模糊语言来表示，使其在一组模糊语言中产生偏移的一组模糊语言，并对模糊规则进行模糊判定，从而产生模糊控制量；最后，通过解模糊，将其转化为一个准确的数值，并将其传输给受控目标，从而实现对受控目标的准确控制。完成第一阶段的控制，再由系统得到新的信号，再进行下一阶段的运算，如此反复，直至系统的偏移在容许的范围之内，才能完成整个模糊控制。

2.2.2　模糊集合

美国控制专家 Zadeh 最早提出关于模糊集合的概念，他把传统的集中函数的特征值范围从{0,1}扩展到封闭区间[0,1]，也就是在一般集合中，每个元素的从属关系都可以用从 0 到 1 的任意数值表示，这就使得集合中的元素得到了极大的扩展。用隶属度量化的方法对 U 中各要素的一致性程度进行量化，用隶属度函数来表示，模糊集由模糊集合来表示，得到下列定义：

$$A=\{x,\mu_A(x) \mid x\in U\} \tag{2.5}$$

$$\mu_A(x)\in[0,1] \tag{2.6}$$

对于 $x\in U$，函数值$\mu_A(x)$称为 x 对 A 的隶属度，μ_A称为 A 的隶属函数。$\mu_A(x)$的值大小表示在论域 U 中的元素 x 隶属于模糊集合 A 的程度，如果$\mu_A(x)$越接近 1，则表示 x 隶属程度越高；如果$\mu_A(x)$越接近 0，则表示 x 隶属程度越低。

1. Zadeh 表示法

当论域 U 是有限集时，$U=\{u_1,u_2,\cdots,u_n\}$，常用论域中的元素u_i与其对应的隶属度表示一个模糊集合 F，即：

$$F=\sum_{u_i\in U}\mu_F(u_i)/\,u_i \tag{2.7}$$

式（2.7）中，$\mu_F(u_i)/u_i$表示元素u_i与隶属度$\mu_F(u_i)$之间隶属的关系，“/”不是除法运算，$\sum_{u_i\in U}$表示模糊集合在论域 U 上的全体。

2. 向量表示法

用论域 U 中的元素u_i对应的隶属度$\mu_F(u_i)/u_i$构成的向量来表示一个模糊集合 F，即：

$$F=[\mu_F(u_1),\mu_F(u_2),\cdots,\mu_F(u_n)] \tag{2.8}$$

在向量表示法中，隶属度$\mu_F(u_i)$为零的项不可省略，而是以零代替。

3. 序偶表示法

用论域 U 中的元素u_i与对应的隶属度$\mu_F(u_i)$构成的序偶来表示一个模糊集合 F，即：

$$F=\{[u_1,\mu_F(u_1)],[u_2,\mu_F(u_2)],\cdots,[u_n,\mu_F(u_n)]\} \tag{2.9}$$

4. 隶属函数法

若论域 U 为连续论域(如 $U=R$)时，常用论域中的元素 u 与其对应的隶属度$\mu_F(u)$的解析表达式来表示论域 U 中的一个模糊集合 F，即：

$$F=\int_U\mu_F(u)/u \tag{2.10}$$

其中，$\int$ 不是积分符号，而是表示 U 上隶属度函数为 $\mu_F(u)$ 的所有点的集合。

2.2.3　模糊化

模糊化模块是模糊控制器的“入口”，它的主要功能是将由量化因素比例运算产生的明确化数值转换成相应的模糊子集的从属。模糊化过程中，先将误差量转化为论域范围内的值，然后再确定其值，一般是3、5、7。很明显，若得到更多的模糊语言值，则可以更好地控制该系统。从隶属度函数的选择来看，通常采用统计方法或归纳法。通常认为，隶属函数的选择对模糊控制器的控制效果有很大的影响，主要有梯形、三角形、高斯分布型、钟型和Sigmoid型。模糊子集是指描述输入信号采用“大”“偏大”“中”“偏小”“小”等模糊语言。在标准情形下所用的抽象模糊子集通常包括：Negative Big（负大的偏差）、Negative Medium（负中的偏差）、Negative Small（负小的偏差）、Zero（接近于0的偏差）、Positive Small（正小的偏差）、Positive Medium（正中的偏差）、Positive Big（正大的偏差）。

1. 三角形隶属度函数

$$\mu_A(x)=\begin{cases}0 & x\leqslant a\\ \dfrac{x-a}{b-a} & a<x\leqslant b\\ \dfrac{c-x}{c-b} & b<x\leqslant c\\ 0 & x>c\end{cases} \tag{2.11}$$

其中 $a<b<c$，该表达式能够确定三角形的三个顶点。相关的隶属度函数曲线如图2-2所示。

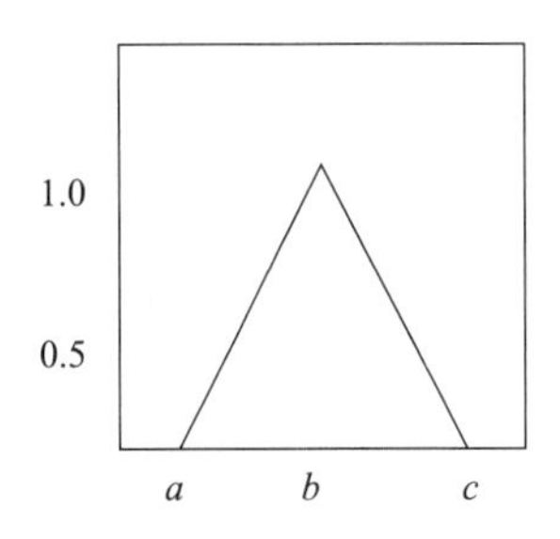

图2-2　三角形隶属度函数

2. 梯形隶属度函数

$$\mu_{\text{trap}}(x)=\begin{cases}0 & x\leqslant a\\ \dfrac{x-a}{b-a} & a<x\leqslant b\\ 1 & b<x\leqslant c\\ \dfrac{d-x}{d-c} & c<x\leqslant d\\ 0 & x>d\end{cases}\tag{2.12}$$

其中 $a<b<c<d$，式（2.12）可以确定梯形的四个顶点，相关的隶属度函数曲线如图 2-3 所示。

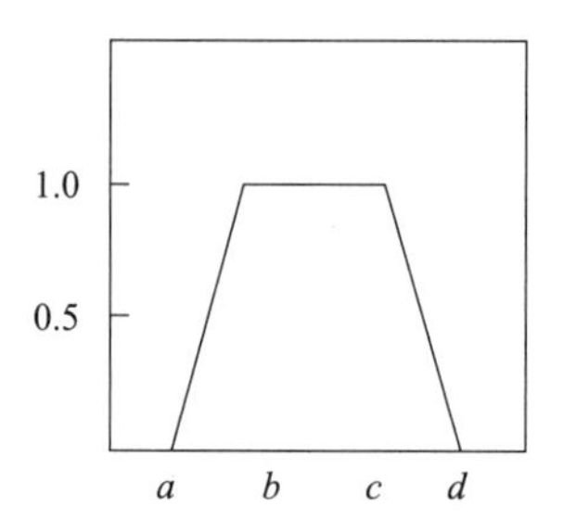

图 2-3　梯形隶属度函数

3. 高斯分布型隶属度函数

$$\mu_{\text{gaussion}}(x)=\mathrm{e}^{-\frac{1}{2}\left(\frac{x-c}{a}\right)^{2}}\tag{2.13}$$

式中，c 为高斯型隶属函数的中心，a 能够确定高斯型隶属函数的宽度；图 2-4 显示它的隶属度函数曲线。

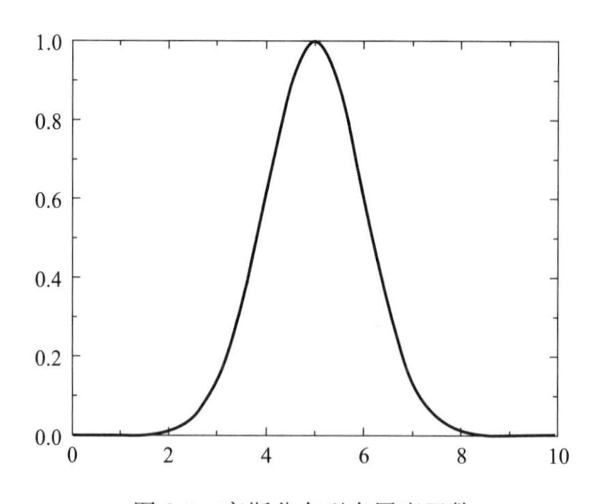

图 2-4　高斯分布型隶属度函数

4. 钟型隶属度函数

$$\mu_{\text{bell}}(x)=\frac{1}{1+\left|\frac{x-c}{a}\right|^{2b}} \tag{2.14}$$

式中，a、b、c 分别为形状参数。图 2-5 显示它的隶属度函数曲线。

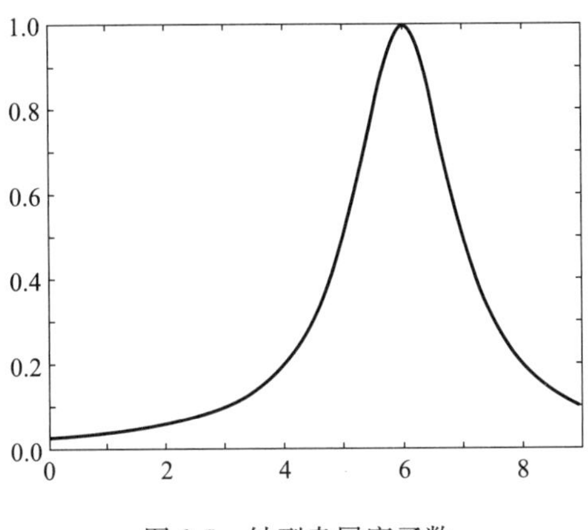

图 2-5 钟型隶属度函数

5. Sigmoid 型隶属度函数

$$\mu_{\text{sigmoid}}(x,a,c)=\frac{1}{1+e^{-a(x-c)}} \tag{2.15}$$

式中，a、c 分别为形状参数，图 2-6 显示它的隶属度函数曲线。

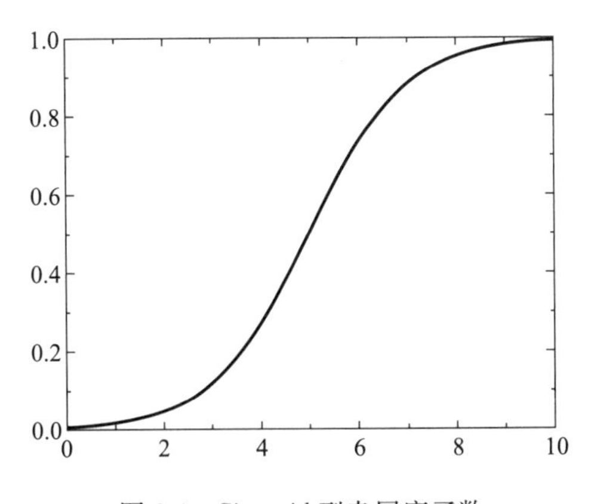

图 2-6 Sigmoid 型隶属度函数

2.2.4 模糊推理

模糊推理是一种在一系列不确定的前提中得出不精确结论的推理方法。如“假设西红柿是红的，则西红柿是熟的”。它的基本原理如下所示：假设模糊关系“若 A 则 B”可以表示$A \to B$，且$A \in U$，$B \in V$，则$A \to B$是$U \times V$的模关系，可用如式（2.16）所示。

$$(AB)(u,v) \triangleq R(u,v) \in U \times V \tag{2.16}$$

2.2.5 清晰化

清晰化就是将经过模糊推理得出的结论，转化为一个具体的数值。清晰化目前常用的方法有面积重心法、面积平均法、最大隶属度法。

面积重心法：由x轴所包围的区域中心，由推理所得的模糊集合的隶属函数为明确值，这种方法具有直观和高效的优点，但其计算过程较为复杂，需要大量的计算。计算公式如式（2.17）所示。

$$x_{cen} = \frac{\int_v v\,\mu_0(v)\mathrm{d}v}{\int_v \mu_0(v)\mathrm{d}v} \tag{2.17}$$

在一个离散的论域中，如果有n个输出量化序列，那么就有：

$$x_{\mathrm{cen}} = \frac{\sum_{j=1}^{n} v_j\,\mu_0(v_j)}{\sum_{j=1}^{n} \mu_0(v_j)} \tag{2.18}$$

面积平均法：在此基础上，给出用模糊集的隶属函数曲线和以横坐标为中心的区域为中心，将其划分为两个面积相同的区域，其坐标值的计算公式如（2.19）所示。

$$\int_a^x A(u)\mathrm{d}u = \int_x^b A(u)\mathrm{d}u = \frac{1}{2}\int_a^b A(u)\mathrm{d}u \tag{2.19}$$

最大隶属度法：由公式（2.20）表示，在模糊集合中，最大隶属度的最大位置是确定的。此方法简便、快速，但与前面两种方法相比，精度有所下降。

$$v_0 = \max \mu_0(v), v \in V_0 \tag{2.20}$$

如果在输出论域中，最大隶属度对应的输出值有多个时，则使用平均方法，将每个从属度的最大平均值作为控制器的输出量，则有：

$$v_0 = \frac{1}{J}\sum_{j=1}^{J} v_j, v_j = \max_{v \in V}[\mu_0(v)]; J = |\{v\}| \tag{2.21}$$

2.3　神经网络 PID 控制

PID 控制如果要想达到预期的控制结果，需要对它的比例、积分和微分参数进行调整，通过这样来保证它们三者之间处于相互制约、相互依赖的关系，而这样的关系用数字组合来描述，需要从许多非线性的工艺过程中寻找，使控制器发挥最优控制效果。神经网络对于非线性计算学习能力较强，能够不断地自我学习和完善，从而实现 PID 最优良的控制能力。

根据 BP 神经网络具有映射到任何非线性拟合能力，同时它结构简单，学习算法易于实现，因此，在控制中经常将神经网络算法与普通 PID 相结合组成智能控制器。通过 BP 神经网络不断优化和学习，从而可以取得适应当前环境及工艺下的 PID 参数。基于 BP 神经网络的 PID 控制系统结构图如图 2-7 所示，其控制器主要包括经典 PID 和神经网络算法。

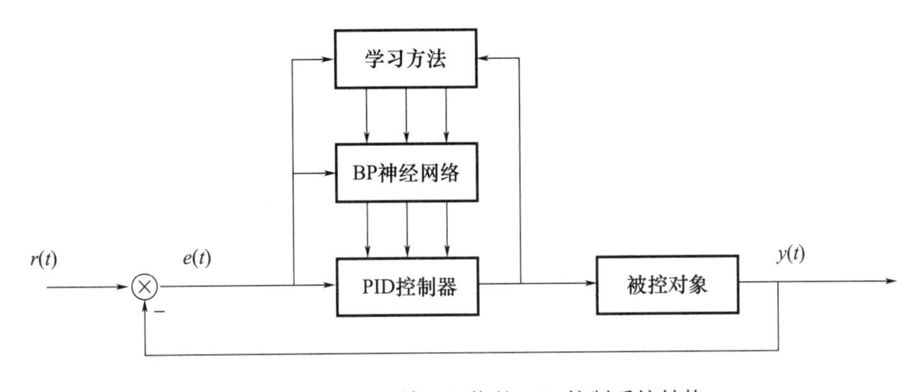

图 2-7　基于 BP 神经网络的 PID 控制系统结构

1. 经典的 PID 控制器

控制器的三个参数K_P、K_I、K_D根据经验进行调整，并且 PID 控制器输出形成闭环控制直接作用于对象。

2. 神经网络 NN

在系统运行时，通过网络的不断自我学习能力优化各层的权重系数，从而输出 PID 控制器的三个可调参数K_P、K_I、K_D，从而得知系统是否达到稳定状态。系统稳定是基于神经网络不断优化的 PID 参数。

PID 的控制算式如下所示：

$$u(k)=u(k-1)+K_{\mathrm{P}}\Delta e(k)+K_{\mathrm{I}}e(k)+K_{\mathrm{D}}\Delta^2 e(k) \tag{2.22}$$

上式中，K_{P}表示比例系数、K_{I}表示积分系数、K_{D}表示微分系数。在该系统中K_{P}、K_{I}、K_{D}为可在线自调整系数，当系统变化时，神经网络可以自己学习调整 PID 参数，将（2.21）式描述为：

$$u(k)=f[u(k-1),K_{\mathrm{P}},K_{\mathrm{I}},K_{\mathrm{D}},e(k),\Delta e(k),\Delta^2 e(k)] \tag{2.23}$$

式中 f［·］是与K_{P}、K_{I}、K_{D}、$u(k-1)$、$y(k)$等相关的非线性组合的函数，可以通过 BP 神经网络 NN 不断训练和学习，寻找一个最优的控制规律，并逼近拟合这些参数，得到最佳的控制函数。

对于 BP 神经网络结构选择三层网络框架，假设首层（输入层）有 M 个节点，中间层（隐含层）有 Q 个节点、末层（输出层）有 3 个节点，其结构如图 2-8 所示。首端节点 1、2、3 分别与 PID 控制器的可调参数K_{P}、K_{I}、K_{D}一一对应，末端与中间层的激活函数采用 Sigmoid 函数。神经网络的前向算法过程如下：设 PID 神经网络的输入点有 M 个，输出点有 3 个（对应于K_{P}、K_{I}、K_{D}），其中首层、中间层和末层分别由上标 1、2、3 进行表示，根据以下公式可以得到 PID 神经网络在某 K 时刻采样的前向算法。

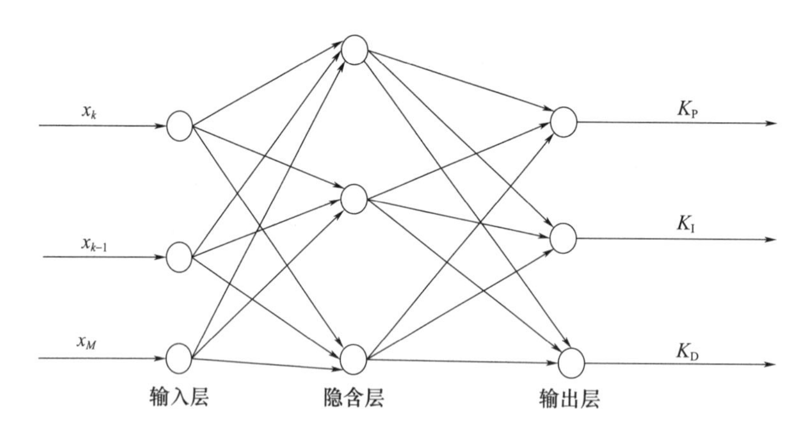

图 2-8　BP 神经网络结构图

网络输入层的输入：

$$o_j^{(1)}=x_{k-j}=e(k-j),(j=0,1,2,\cdots,M-1;o_M^{(1)}\equiv 1) \tag{2.24}$$

网络中间层的算法输入、输出如式（2.25）和式（2.26）所示：

$$\mathrm{net}_i^{(2)}(k)=\sum_{j=0}^{M} w_{ij}^{(2)}\,o_j^{(1)}(k) \tag{2.25}$$

$$o_i^{(2)}(k)=f[\mathrm{net}_i^{(2)}(k)],(i=0,1,\cdots,Q-1) \tag{2.26}$$

$$o_Q^{(2)} \equiv 1 \tag{2.27}$$

式（2.25）中$w_{ij}^{(2)}$表示为中间层的第j个到第i个神经元的加权系数，系统通过 Sigmoid 函数用来做中间层的神经元活化函数：

$$f(x) = \tan h(x) = \frac{e^x - e^{-x}}{e^x + e^{-x}} \tag{2.28}$$

神经网络的输出层的输入算法如式（2.29）所示、输出算法如式（2.30）所示：

$$\mathrm{net}_i^{(3)}(k) = \sum_{i=0}^{Q} w_{li}^{(3)} o_i^{(2)}(k) \tag{2.29}$$

$$o_i^{(3)} = f(\mathrm{net}_i^{(3)}(k)), (i = 1, 2, 3, \cdots, Q) \tag{2.30}$$

式中$w_{li}^{(3)}$表示中间层到输出层的加权系数，系统通过 Sigmoid 函数用来做中间层的神经元活化函数，如公式（2.31）所示：

$$g(x) = \frac{1}{2}(1 + \tan h(x)) = \frac{e^{-x}}{e^x + e^{-x}} \tag{2.31}$$

$$o_l^{(3)}(k) = g(\mathrm{net}_l^{(3)}(k)), l = 1, 2, 3 \tag{2.32}$$

$$o_0^{(3)} = K_{\mathrm{P}} \tag{2.33}$$

$$o_l^{(3)} = K_{\mathrm{I}} \tag{2.34}$$

$$o_2^{(3)} = K_{\mathrm{D}} \tag{2.35}$$

性能指标函数：

$$J = \frac{1}{2}[r(k+1) - y(k+1)]^2 = \frac{1}{2}e^2(k+1) \tag{2.36}$$

根据最快速下降法对神经网络的加权系数进行修正，并加入一个促使搜索速度较快地收敛到系统最小值的优化惯性项，则有：

$$\Delta w_{li}^{(3)}(k+1) = -\eta \frac{\partial J}{\partial w_{li}^{(3)}} + \alpha \Delta w_{li}^{(3)}(k) \tag{2.37}$$

依据数字 PID 控制规律式能够得到：

$$\frac{\partial J}{\partial w_{li}^{(3)}} = \frac{\partial J}{\partial y(k+1)} \frac{\partial y(k+1)}{\partial u(k)} \frac{\partial u(k)}{\partial o_l^{(3)}(k)} \frac{\partial o_l^{(3)}(k)}{\partial net_l^{(3)}(k)} \frac{\partial net_l^{(3)}}{\partial w_{li}^{(3)}} \tag{2.38}$$

根据数字 PID 控制规律式可以求得：

$$\frac{\partial u(k)}{\partial o_0^{(3)}(k)} = e(k) - e(k-1) \tag{2.39}$$

$$\frac{\partial u(k)}{\partial o_1^{(3)}(k)}=e(k) \tag{2.40}$$

$$\frac{\partial u(k)}{\partial o_2^{(3)}(k)}=e(k)-2e(k-1)+e(k+2) \tag{2.41}$$

再令：

$$\begin{aligned}\delta_l^{(3)}=-\frac{\partial J}{\partial net_l^{(3)}(k)}=g[net_l^{(3)}(k)]e(k+1)\\ \operatorname{sgn}\left(\frac{\partial y(k+1)}{\partial u(k)}\right)\frac{\partial u(k)}{\partial o_l^{(3)}(k)},(l=0,1,2)\end{aligned} \tag{2.42}$$

就可以推导出输出层的加权系数，如式（2.43）所示：

$$\Delta w_{li}^{(3)}(k+1)=\alpha\Delta w_{li}^{(3)}(k)+\eta\delta_l^{(3)}o_i^{(2)}(k) \tag{2.43}$$

同样的方法，可推出中间层的加权系数，如式（2.44）所示：

$$\Delta w_{ij}^{(2)}(k+1)=\alpha\Delta w_{ij}^{(2)}(k)+\eta\delta_i^{(2)}o_j^{(1)}(k) \tag{2.44}$$

其中，

$$\delta_i^{(2)} = f[net_i^{(2)}(k)]\sum_{l=0}^{2}\delta_l^{(3)}w_{li}^{(3)}(k),(i = 0,1,\cdots,Q-1) \tag{2.45}$$

基于 BP 神经网络 PID 控制算法步骤能够总结为以下几点。

①确定网络的框架，首先设定 M 个首层的节点数和 Q 个中间层的节点数，并给中间层加权系数$w_{ij}^{(2)}(0)$、输出层加权系数$w_{li}^{(3)}(0)$设定一个原始初值，学习速率和惯性系数也分别设定初始值。②通过采样得到样本 $r(k)$和$y(k)$，计算 $e(k)=r(k)-y(k)$。③按照以上公式计算神经网络的各层值，最后 PID 控制器的 3 个参数K_P、K_I、K_D取为末层的输出值。④计算 PID 控制器的输出 $u(k)$，根据公式（2.4）进行计算。⑤根据公式（2.37）计算，校正末端层的加权系数。⑥根据公式（2.43）求得校正中间层的加权系数。⑦置$k=k+1$，返回第二步继续计算。

第3章 跨越架搭设智能移动平台机械结构设计

跨越架搭设智能移动平台的机械系统采用模块化设计方法，将平台机械系统的各个组成部分设计为独立的模块，每个模块具有自己的功能和任务，并且能够独立安装、拆卸和替换。这种模块化设计具有诸多优点，包括：①能够简化安装和拆卸过程，模块之间的接口和连接方式都经过精心的标准化设计，因此可以更快捷地连接和拆卸模块，节省了时间和人力成本。②提高系统的灵活性和可扩展性，通过添加或移除特定的模块，可以根据实际需求来调整系统的功能。例如，可以根据工作现场的要求增加额外的载人平台结构模块，以适应不同宽度或工作条件的需求。③由于每个模块都是独立的，可以进行预制和标准化制造，从而降低生产成本。如果某个模块需要维修或更换，只需替换该模块而不会影响整个系统的运行，能够有效降低维修、维护成本，减少平台停运时间。

综上所述，跨越架搭设智能移动平台的机械系统采用模块化设计，使得平台作业更加可靠、高效，并且能够适应不同工作需求和环境。对平台进行机械设计时，将其划分为横移机械系统、纵移机械系统、载人平台系统、物料吊运系统和平台传动机构，每个子系统都是集机构、驱动装置及传动机构为一体的模块单元，各个子系统模块之间通过特定的方式连接，最终构成跨越架搭设移动作业系统整体结构，如图3-1所示。

下面，将分别对各个子系统展开介绍。

3.1 横移机械系统

横移系统设计有两层横移子系统，外层横移子系统为一个支撑架，支撑架底部具有支脚系统，用来支撑整个平台；内层横移子系统连接平台，在移动时可以带动平台完成横移动作。内层横移子系统和外层横移子系统间通过滑轮滑轨连接。为了使其移动平滑，减小两子系统间的摩擦力，两子系统间增加滚动滑轮来辅助完成动作。外层横移子系统上设计有固定舵机的舵机支架，舵机的舵臂两侧连接两副连杆，两副连杆的外端分别连接着支撑杆，支撑杆上下两端各有两个支撑支脚。机械结构如图 3-2 所示。

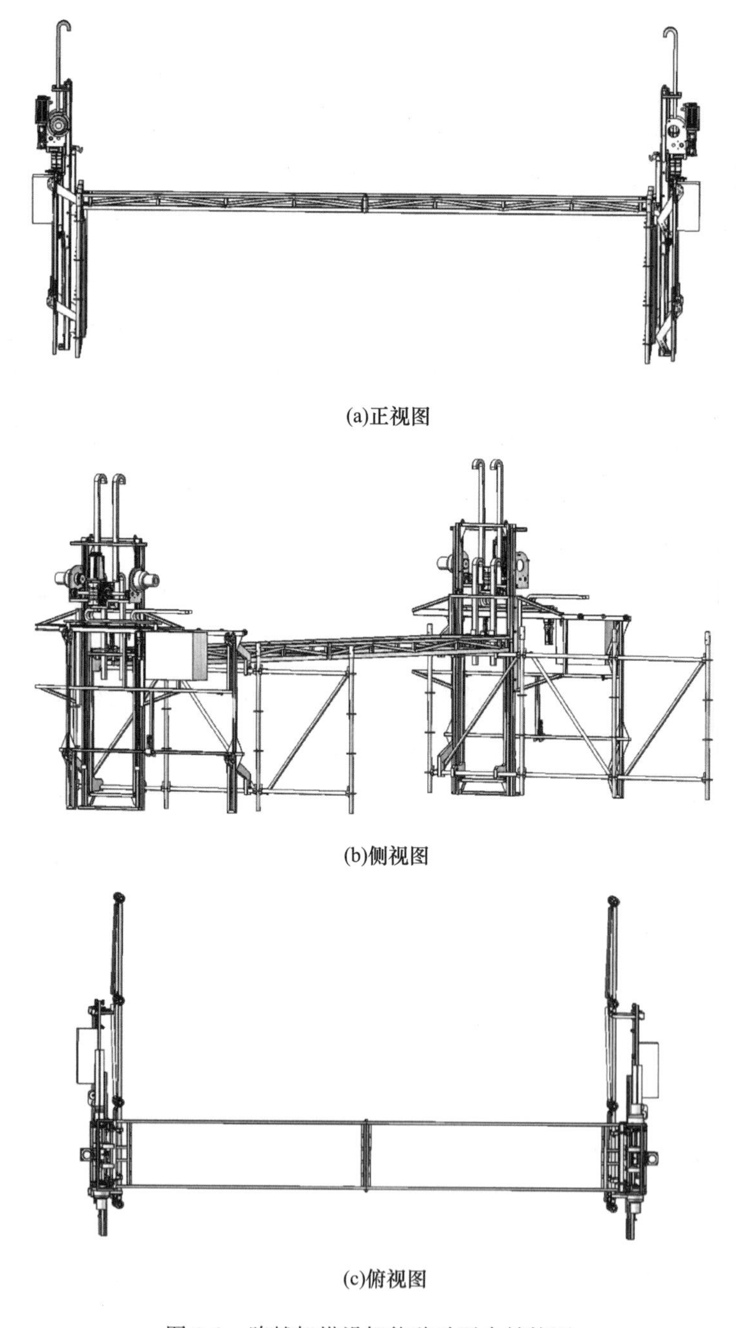

(a)正视图

(b)侧视图

(c)俯视图

图 3-1　跨越架搭设智能移动平台结构图

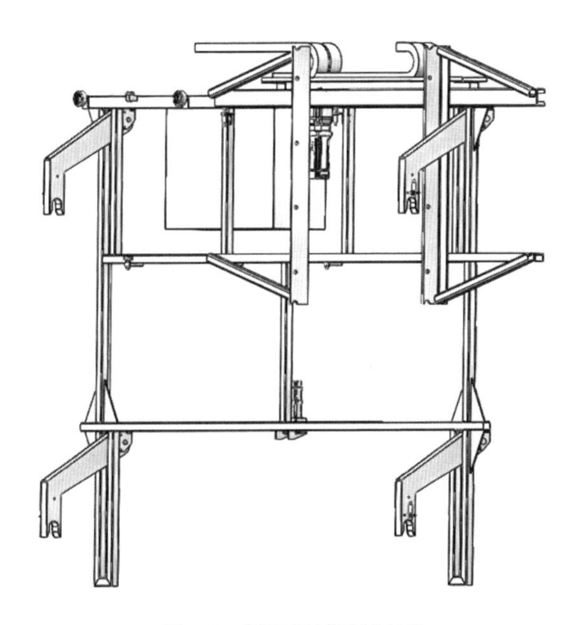

图 3-2　横移机械系统结构

3.1.1　传动方式

横移传动系统采用一种高效可靠的机械结构，旨在实现平稳精确的横向移动。在本系统中，内侧横移子系统和外侧横移子系统均配备了专门设计的齿条，采用齿轮齿条的传动方式。电机通过输出轴上的齿轮与横移系统上的齿条配合，将旋转运动转化为横向移动。这种设计简洁而高效，使得电机能够有效地控制横移系统位置的变化。当内侧横移子系统固定在跨越架横杆上时，电机通过齿轮带动外侧子系统进行横向移动。这种情况下，外侧子系统的移动受到电机直接的控制，跟随电机在横移内侧子系统的齿条上做平移运动，从而实现了外侧横移子系统的横向移动。而当外侧横移子系统固定在跨越架横杆上时，此时电机与齿轮位置固定，齿条带动内侧横移子系统进行横向移动。内侧横移子系统与纵移系统、载人平台彼此相连，内侧横移子系统的横移带动纵移系统、载人平台的横向移动。机械结构如图 3-3 所示。

3.1.2　机械结构设计方案

1. 外侧横移子系统

外侧横移子系统的设计考虑了多种机械结构，包括框架结构、外层支撑系统以及导轮，以确保平台在移动过程中的稳定性和安全性。首先，框架结构是外侧横移子系统的主要组件，用于支撑整个框架的稳定。外侧横移子系统框架结构上设计有电气控制柜，用于设备的电器控制。与此同时，外侧横移子系统底部装配有横移支撑系统，横移支撑系统上的支脚能够通过舵机驱动进行上下偏转。

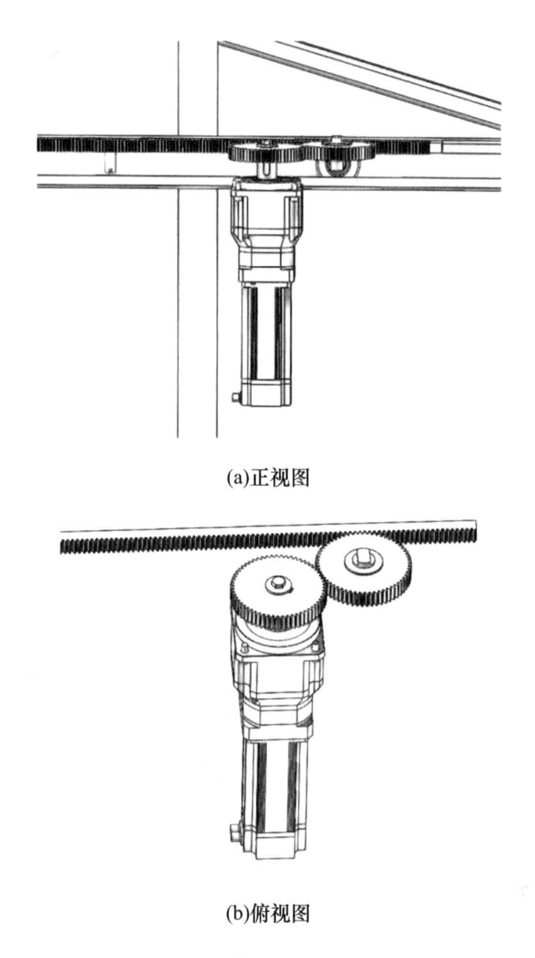

(a)正视图

(b)俯视图

图 3-3　传动系统结构图

这一设计的目的在于对平台提供主要的支撑和固定，在需要时可以通过舵机控制支脚的偏转角度，从而实现横移系统在跨越架上的脱离与固定。同时，横移支撑系统上的支撑支脚的倾斜角度可调，用以调节平台的平衡性。此外，外侧横移子系统框架结构内部沿横向分布有多个导轮，这些导轮的设计旨在将外侧横移子系统与内侧横移子系统连接并降低摩擦力，使得横移运动更加顺畅和高效。它们能够有效地支撑和引导横移系统的运动，确保系统在移动过程中能够保持稳定。整体机械结构及各部分结构如图 3-4、3-5 所示。

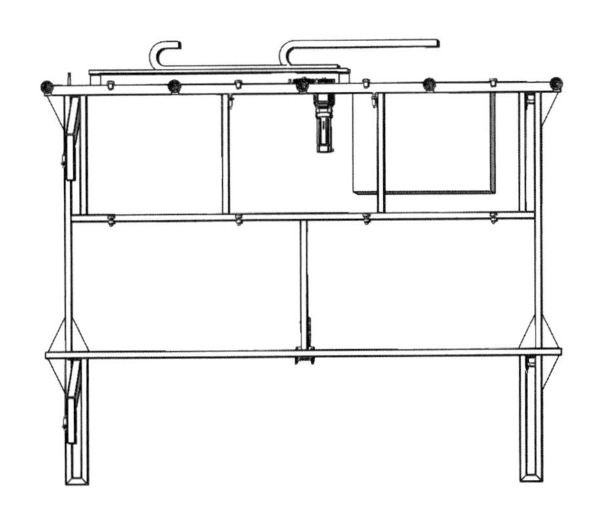

图 3-4　外侧横移系统结构

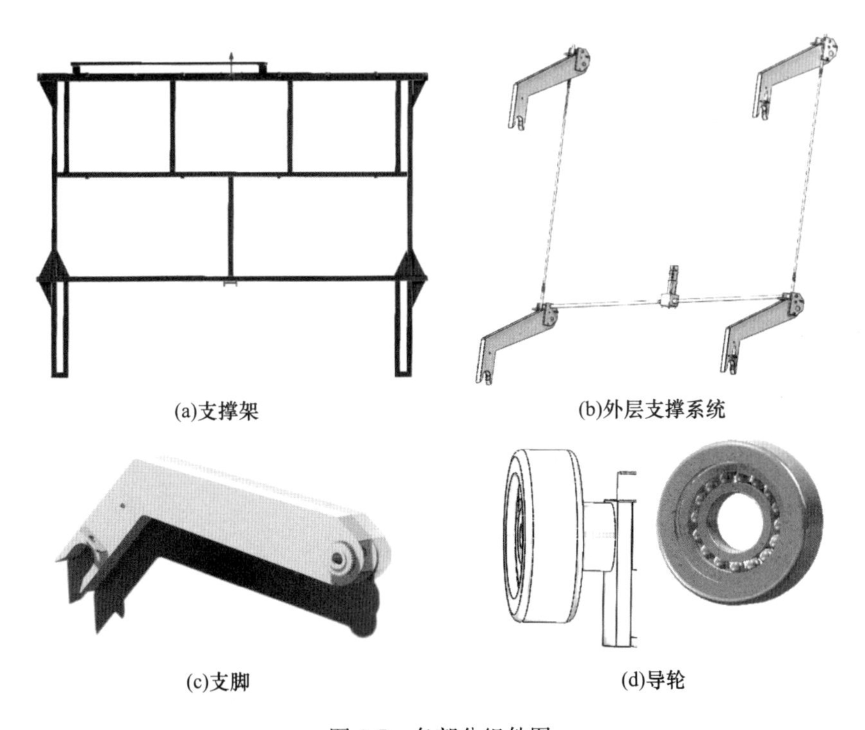

(a)支撑架　(b)外层支撑系统

(c)支脚　(d)导轮

图 3-5　各部分组件图

横移支撑系统由支脚组合件、支脚驱动组合件、支脚动轴、支脚同步杆组成，支脚组合件由支脚、支脚支架、支脚齿条座、支脚驱动齿、支脚销、支脚腿齿条、刚性联轴器、接近开关组成，如图 3-6 所示。支脚驱动组合件由换向轴、换向箱体、伺服电机、减速机组成，如图 3-7 所示。支脚驱动组合件通过刚性联轴器、支脚驱动轴与支脚组合件相连，用于驱动支脚运动。同步杆连接垂直方向上的两个支脚，用于垂直方向上两支脚的同步运动。

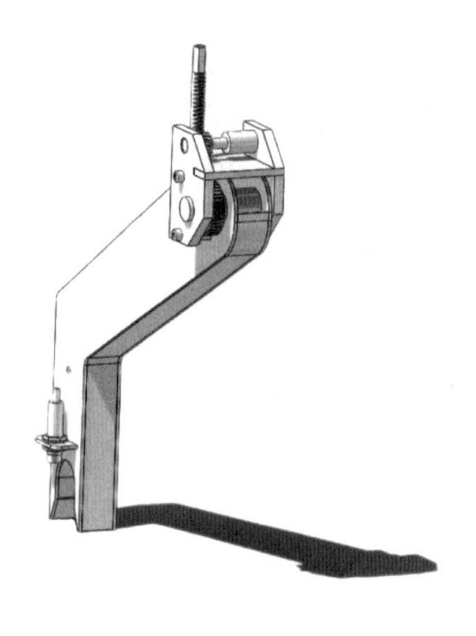

图 3-6　支脚组合件

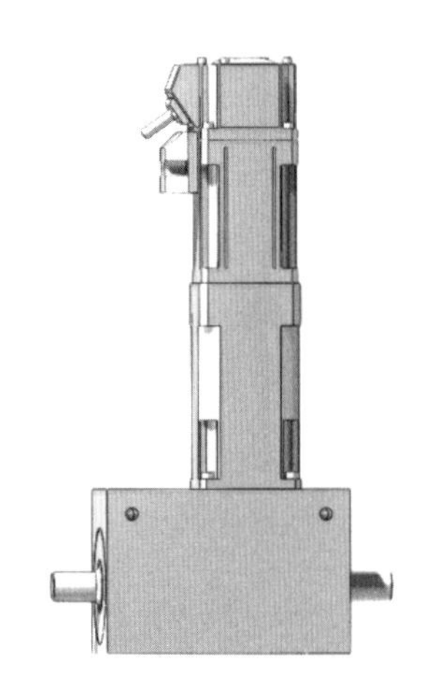

图 3-7　支脚驱动组合件

2. 内侧横移子系统

内侧横移子系统与纵移系统连接，确保纵移系统和载人平台的横向移动。内侧横移子系统外部设计具有容纳导轮的导轮滑轨，可以使导轮刚好嵌入到导轮滑轨中，旨在容纳导轮并提供平滑的移动表面。通过这种设计，内侧横移子系统可以与外侧横移子系统通过导轮和导轮滑轨嵌套的方式连接，如图 3-8 所示。同时，内侧横移子系统在垂直方向上设计有和纵移系统连接的竖梁，用于横移系统和纵移系统的组装。

3. 横移系统电机支架

在内侧横移子系统上，为了确保电机能够可靠地固定在上面，特别设计了专用支架，如图 3-9 所示。其设计考虑了电机的重量和运动时的振动，旨在提供稳固的安装平台。支架的形状和结构经过精心设计，以适应特定型号的电机，并确保电机可以牢固地固定在内侧横移子系统上，并为整个横移系统提供动力源。这种可靠的安装方案不仅确保了电机的稳定性，还为横移系统的运行提供了可靠的动力支持，从而确保系统在操作中保持高效、稳定和安全。

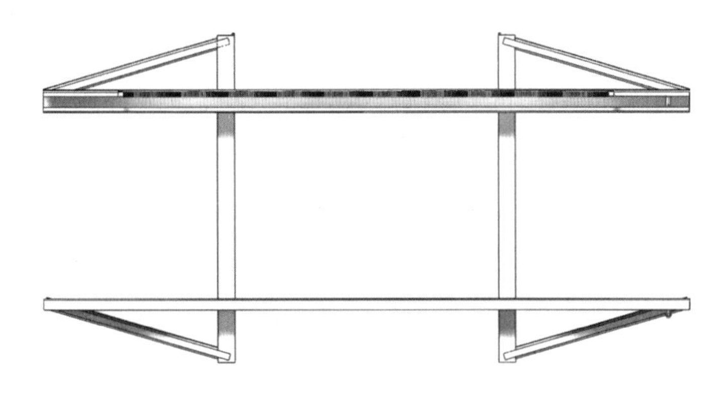

图 3-8　内侧横移子系统

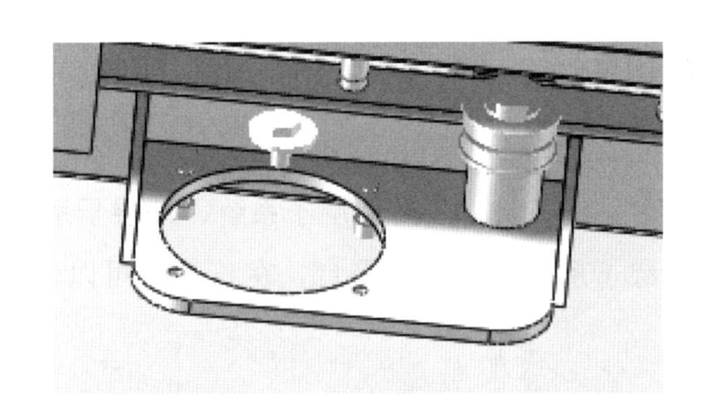

图 3-9　电机支架

4. 横移系统安全保护装置

为了增强横移系统的安全性，在横移系统的两侧安装了限位开关。这些限位开关是至关重要的安全装置，其功能是监测横移系统的位置，并在系统接近或达到预设的极限位置时触发。设计目的是防止横移系统在横向移动时冲出整个系统，确保操作人员和设备的安全。限位开关安装于横移系统的两侧，通常位于系统的极限位置处。它们通过检测横移系统的位置变化来工作，一旦系统达到限位位置，限位开关就会触发，并发送信号给控制系统，启动紧急停止程序。横移系统安全保护装置可防止横移系统因误操作或其他原因导致移动超出预设范围，从而减少意外事故的发生可能性，通过及时地检测系统的位置变化并采取措施停止运动，与其他安全措施相结合共同确保横移系统在操作过程中的安全性和可靠性。

5. 横移系统防护罩和封闭结构

为了保护机械部件并确保操作的安全性，设计了防护罩和封闭结构，这些结构旨在防止外部杂物，如碎片、液体或其他杂物进入机械部件内部，并减少意外接触的风险，防止可能导致机械故障或损坏的情况发生。

防护罩通常由坚固耐用的材料制成，覆盖在机械部件周围或易受损的部位上。封闭结构被设计用于覆盖整个机械系统或特定区域，这些结构通常由固体、不透明的材料构成，以防止外部物体或人员意外接触到运动的机械部件，确保在操作过程中不会发生意外伤害。防护罩和封闭结构不仅提供了对机械部件的物理保护，还减少了操作人员可能面临的安全风险。设计考虑了易受损的部位和潜在的危险因素，旨在最大程度地降低意外事件的发生可能性。

3.2 纵移机械系统

纵移机械系统（见图3-10）具有双层子系统，外层子系统为一个支撑架，连接横移系统，内层子系统连接载人平台，在移动时可以带动载人平台完成

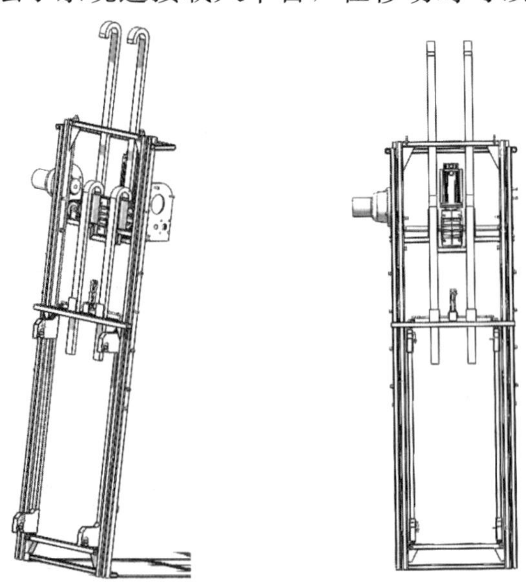

图3-10 纵移机械系统结构

纵向升降移动。内层子系统上设计有固定舵机的舵机支架，舵机的舵臂两侧连接两副连杆，两副连杆的外端分别连接着支撑杆，支撑杆上下两端各有两个支撑支脚。舵机控制舵臂旋转，进而控制连杆运动，来控制四个支脚的偏转。内层子系统和外层子系统间通过滑轮滑轨连接，为了使移动平滑，减小双层子系统间的摩擦力，双层子系统间增加滚动滑轮来辅助完成动作。

3.2.1　传动方式

纵移机械系统传动方式同横移机械系统。纵移系统内层子系统两侧均设计有专门的齿条，用于传动，如图3-11所示。这些齿条被布置在纵移系统的内层子系统表面上，以确保传动的顺畅动作。电机输出轴两侧均设计有齿轮，通过齿轮组与齿条相配合，将旋转运动转化为纵向移动。当纵移外层子系统固定时，电机通过齿条带动内层子系统进行纵向移动。同时，这种纵向移动也会带动载人平台一起进行纵向移动。当内层子系统固定时，电机会通过输出轴上的齿轮带动纵移外层子系统进行纵向移动。

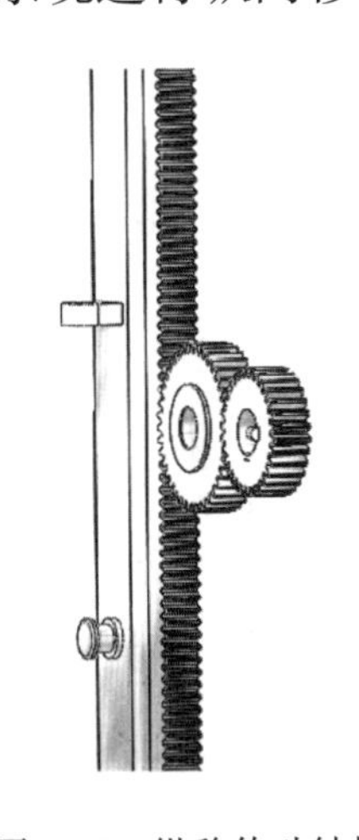

图3-11　纵移传动结构

3.2.2　机械结构设计方案

1. 纵移外层子系统

纵移外层子系统的设计考虑了稳定性和安全性，纵移外层子系统两边内侧沿纵向设计有多个导轮，这些导轮的作用是连接纵移内层子系统并且降低移动时的摩擦力，使得纵移过程更加顺畅和稳定，如图3-12所示。并且在纵移外层子系统上设计了电机支架与驱动系统，用于驱动纵移系统的纵向移动，如图 3-13 所示。

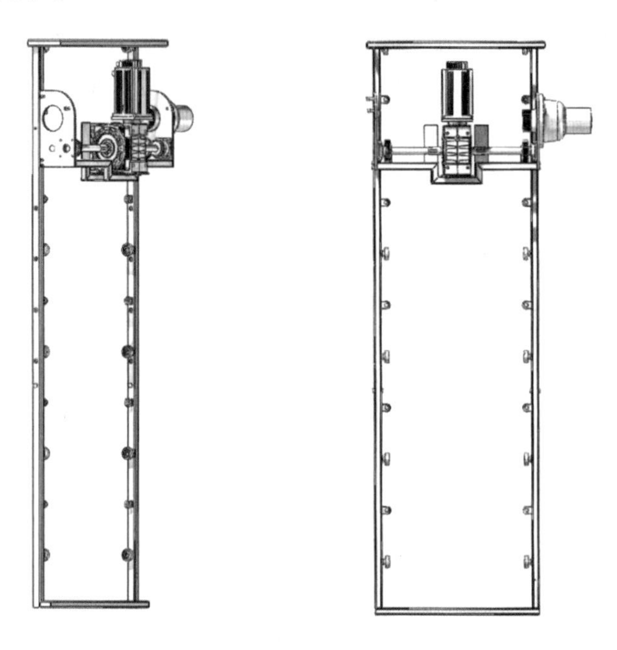

图 3-12　纵移外层子系统

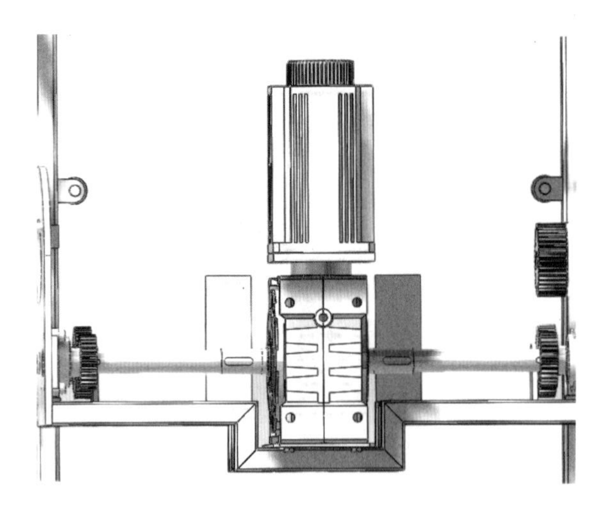

图 3-13　电机支架与驱动系统

2. 纵移内层子系统

纵移内层子系统设计有能够嵌入滑轮的滑轮轨道，可以有效地支持和引导移动部件的运动。这些滑轮轨道的设计旨在提供稳定的支撑，能够容纳纵移外层子系统上的滑轮，并确保内外层横移子系统能够顺畅地在垂直方向上相对移动。除此之外，内层还配置了专门用于安装载人平台的安装支架，这些支架具有足够的强度和稳定性，以确保载人平台能够安全地安装在内层横移子系统上。此种设计不仅提供了便利的工作平台，还保证了工作人员在进行维护、安装或其他必要操作时的安全性和舒适性。

纵移内层子系统具有纵移支撑系统，纵移支撑系统的两侧共设计有4个支脚，作用是提供平台主要的支撑和固定，确保系统在移动和操作过程中保持平稳，如图3-14所示。支脚能够通过舵机驱动进行90°偏转，它们由坚固的金属制成，并采用可靠的锁定机制，以确保在工作中不会发生意外移位或脱落。总体而言，纵移内层子系统的设计不仅注重移动性能，还注重系统的稳定性和安全性。这些设计措施使得纵移系统能够在各种工作条件下保持稳定，确保操作的安全和顺利进行。

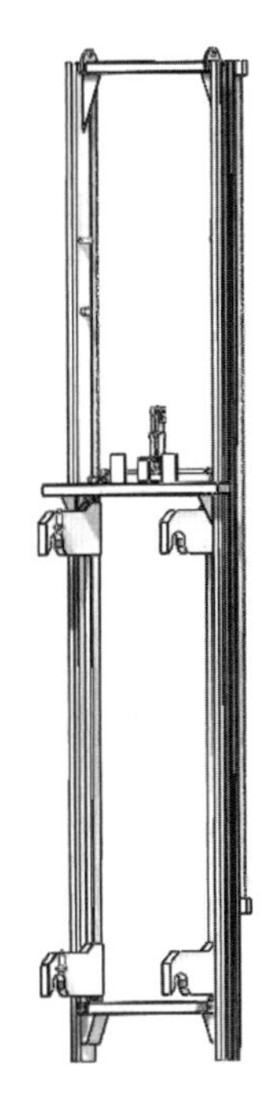

图3-14　纵移支撑系统

纵移支撑系统由活动支撑脚、伺服电机与减速电机、接近开关、内支脚拨片、支脚拨片拉杆、支脚摇臂等零部件组成。其中，伺服电机、减速机电机轴与支脚摇臂相连，支脚摇臂与支脚拨片拉杆相连，支脚拨片拉杆与内支脚拨片相连，支脚拨片与活动支撑脚相连，通过电机的转动来控制活动支脚旋转角度的调整。接近开关用来监测跨越架横杆，以便于支撑脚的固定。

3. 纵移系统电机支架

纵移外层子系统的顶端专门设计了用于安装电机的支架，旨在确保电机能够稳固地固定在外侧纵移子系统上。支架具有足够的强度和稳定性，以便在各种工作条件下可靠地支撑电机的重量，并防止其在运行过程中产生晃动。通过有效地固定电机，可以最大限度地减少运动过程中的振动和不稳定因素，从而提高系统的运行稳定性。此外，这种安装方式便于维护和更换电机，使得系统在需要时能够快速、便捷地进行维修或升级。

4. 纵移系统安全保护装置

为了确保纵移系统在纵向移动时不会冲出整个系统，以保障系统的安全性，在纵移系统的上下两侧都安装了限位开关。这些限位开关被安置在系统的设计范围内，并精确调校以监测纵向移动的最大位置。一旦纵移系统接近或到达了预设的极限位置，限位开关会立即感知，并通过发送信号触发系统的停止机制，从而有效地阻止平台进一步移动。这种安全措施不仅保护了系统的完整性，还保障了操作人员和设备的安全，通过及时监测和控制纵向移动的范围，有效地防止可能的误操作或系统故障导致的过度移动，从而大大提高系统的可靠性，为纵移系统的安全运行提供了重要保障。

5. 纵移系统防护罩和封闭结构

为了保护机械部件的完整性并确保操作的安全性，系统设计了防护罩和封闭结构，旨在阻止外部杂物进入系统并减少意外接触风险。防护罩覆盖在机械部件的关键区域，如滑轮轨道、电机和限位开关处，可有效地防止灰尘、碎片或其他杂物的进入。不仅有助于维护机械部件的清洁和良好工作状态，还可以减少由外部杂物引起的结构故障和损坏。

3.3 载人平台机械系统

载人平台为作业人员的工作区域，作业人员站立于载人平台上完成跨越架的搭设工作，因此，平台需要具有足够的稳定性和承载能力，以支撑作业人员以及物料重量。平台支撑结构的材料选择、结构设计和连接方式需要精心考量，以确保其能够在各种工作条件下保持稳固。结构如图 3-15 所示。

为达到模块化设计要求，载人平台两侧具有组装连接结构，以达到方便快速安装和拆卸效果。平台两侧的组装连接结构设计为能够轻松插拔的形式，使载人平台和纵移内侧子系统之间可以准确地对接，同时需确保纵移内侧子系统与载人平台的连接牢固可靠，不会因为作业人员的活动和平台的振动而松动或移位，整体实现模块化组装和拆卸。为了确保作业人员的安全，载人平台两侧装有防护装置。这些防护装置包括扶手、护栏，旨在防止作业人员意外摔落或受伤。防护装置需易于安装、维护和清洁，并且不会影响作业人员的操作空间和舒适度。以下是设计载人平台机械子系统时需要考虑的关键要素。

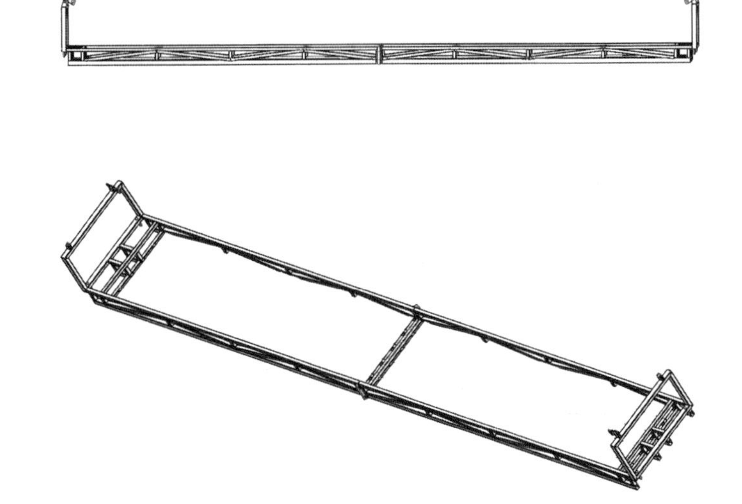

图3-15　载人平台结构

1. 材料选择

选择铝合金材料作为支撑结构的主要构建材料，这种材料能够承受较大的荷载并保证结构稳定。

2. 结构设计

支撑结构的设计需考虑平台的整体形状和布局，以及作业人员站立的位置和分布。通过合理的结构设计，可以确保平台在受到外力作用时能够均匀分布荷载，并保持平台稳定性。在进行设计时，综合考虑以下几个方面。

（1）平台整体形状和布局

载人平台的形状和布局与工作环境和任务需求相匹配。根据跨越要求的距离设计平台的长度和宽度。平台的长度可根据跨越距离的要求进行自由组装，通过螺栓螺母紧固。

（2）作业人员站立位置和分布

考虑作业人员站立在平台上的位置和分布情况，确定支撑结构的布置方式，具体涉及到支撑横梁、支撑架的位置和数量。支撑架内部安装支撑横梁，支撑横梁之间等距离分布，支撑架与支撑横梁上方安装支撑板，以确保平台在工作过程中能够均匀分布荷载，并且能够承载作业人员的重量和活动所带来的载荷变化。

3. 防护措施

根据需要在平台外侧设计加装安全护栏，保证作业人员的安全。设计安全护栏时，考虑到平台外侧的环境特点和作业人员的需求，护栏由防护栏杆和防护网构成，能够抵御外部冲击，确保长期的安全保障。其次，考虑到搭设跨越架的工作特点，护栏的高度为1米，以防止工作人员意外坠落。另外，考虑到可能存在的视觉遮挡问题，护栏应采用透明或开放式的结构，保证作业人员在工作过程中能够清晰地观察到外部环境，确保工作效率和安全性。最后，保护栏与平台结构采用螺栓螺母的连接方式紧密连接。

4. 防滑措施

为了给作业人员提供最佳的工作环境，确保作业人员在站立或移动时能够稳固地保持姿势，降低意外滑倒的风险，平台支撑板表面采用凹凸纹理设计。通过采用适度的凹凸形状，平台支撑板表面的摩擦力得到增强，可有效降低作业人员在平台上滑动或失足的概率，同时提升工作效率，保证长时间工作的可持续性。

综上所述，支撑结构的设计和实施需要综合考虑材料选择、结构设计、连接方式以及安全措施等多个方面，以确保载人平台在各种工作条件下都能够安全、稳定地支撑作业人员完成跨越架搭设任务。

3.4 物料吊运机械系统

物料吊运机械子系统的设计需要综合考虑吊运物料的性质、重量和形状，以及工作环境和任务需求。以下是设计物料吊运机械子系统时需要考虑的方面。

1. 起重结构设计

针对承插型盘扣式钢管这类物料的吊运需求，起重机结构设计至关重要，需考虑以下几个方面。①吊具设计。吊具是吊运物料的重要组成部分，根据承插型盘扣式钢管的形状、尺寸和重量，选择吊钩、吊索来实现物料的吊运，以确保能够安全可靠地吊运物料。②吊臂长度与起重机型号的选择。根据承插型盘扣式钢管的特点，选择合适的吊臂长度和起重机型号至关重要。吊臂长度能够满足物料的吊运高度需求，同时需要考虑工作场景的限制，如限高要求等。选择合适的起重机型号要考虑到承载能力、作业范围、机动性以及维护成本等因素，确保能够满足不同工作场景下的吊运需求。③承载能力与稳定性。考虑到承插型盘扣式钢管的重量和形状，要求起重结构具有较高的承载能力和稳定性，确保能够安全可靠地吊运钢管，因此，设计需保证起重机的结构强度，采用更坚固的支撑结构以及配重系统。

2. 起重机动力系统

起重机动力系统能够提供足够的动力输出，以满足吊运物料的需求，可以选择电动动力系统。

3. 安全保护系统

物料吊运机械子系统的设计还需考虑安全保护系统的设计，包括碰撞防护、载荷限制、防倾覆等功能。这些安全保护系统应具备快速响应和可靠性，能够在紧急情况下及时采取措施，确保人员和设备的安全。

综上所述，物料吊运机械子系统的设计需要综合考虑结构、动力、吊具、控制和安全等多个方面，以实现安全、高效、可靠的物料吊运操作。设计人员应根据实际需求和工作环境，选择合适的技术方案和设备配置，确保吊运操作的顺利进行。

3.5 平台传动机构

移动平台具有多种传动形式，包括齿轮齿条传动、滚珠丝杆传动、同步带传动。齿轮齿条传动用于将旋转运动转换为直线运动或将直线运动转换为旋转运动；滚珠丝杆传动用于将旋转运动转换为直线运动或将直线运动转换为旋转运动；同步带传动用于将旋转运动传递到另一个轴上，由同步带和同步带轮组成。各种传动方式简述如下。

1. 齿轮齿条传动

齿轮齿条传动由齿轮和齿条两个部件组成。齿轮是一个具有齿的圆盘，齿轮上的齿数和齿形决定了其传动性能。齿轮有不同的类型，常见的有直齿轮、斜齿轮和蜗杆齿轮等，齿轮之间通过啮合来传递力和运动。齿条是一个具有齿的直线条，其齿形与齿轮的齿形相匹配。齿条通常是一根长条状的金属或塑料材料，其齿数和齿形也会影响传动性能。齿条通过与齿轮的啮合，将齿轮的旋转运动转换为齿条的直线运动。齿轮齿条传动具有传动效率高、精度高、承载能力大等优点，广泛应用于机床、自动化设备、运输设备等领域。然而，由于齿轮和齿条之间的啮合关系会产生一定的摩擦和噪声，因此在设计和使用时需要考虑润滑和减振等措施，以提高传动效果和寿命。

2. 滚珠丝杆传动

滚珠丝杆传动由滚珠丝杆和滚珠螺母组成。滚珠丝杆是直线传动元件，由金属制成，通常呈梯形螺纹，上面有凹槽容纳滚珠。滚珠螺母与滚珠丝杆配合，由金属或塑料制成，内部有凹槽放置滚珠，通过滚动传递力和运动。滚珠丝杆传动通过滚珠在滚珠丝杆和滚珠螺母间的滚动实现力和运动传递，具有高效率、高精度、摩擦噪声小、维护简便和寿命长等优点，适用于速度较高的往复传动。水平传动时跨距过大会导致自重变形，影响最高转速和传动长度；垂直传动时无自重影响，但需考虑最大转速。滚珠丝杆传动广泛应用于需要精确定位和大负载传递的设备，如数控机床、印刷机械和搬运设备。设计和使用时需注意润滑和维护，确保传动效果和寿命，选择时需考虑负载、速度和精度要求。

3. 同步带传动

同步带传动由同步带和同步带轮组成。同步带是带状弹性元件，带有固定形状和间距的齿，与同步带轮上的齿槽啮合传递力和运动。同步带轮固定在轴上，使同步带能够传递旋转运动。工作原理是通过齿和齿槽的准确匹配，实现高效率传动，具有高传动精度、效率、平稳运行、低噪声和无须润滑等优点。适用于各种机械设备，特别适用于伺服电机到传动齿轮的短距离传动，可实现高速传动且噪声低。选择时需考虑传动功率、转速和工作环境，并定期检查和更换磨损的同步带以及保持正确的张紧力以确保传动效果和寿命。

综合分析上述三种传动形式的优缺点，齿轮齿条适合于长距离重载荷的直线运动，滚珠丝杆适合于垂直方向的高速往返直线运动，同步带适合于短距离直线运动。针对跨越架搭设移动平台运行距离长、载荷重的特点，机构中的传动机制均采用齿轮齿条直线导轨的传动方式。

3.6　机械结构材料选择

选择适当的材料对于跨越架搭设智能移动平台的机械结构设计至关重要，因为材料的选择直接影响着结构性能。在选取材料时需要综合考虑以下几个因素。

（1）强度

结构材料的强度是其最基本的性能指标之一。强度越高，结构能够承受的载荷就越大，从而确保结构在使用过程中不会发生破坏或失效。因此，需要选择具有适当强度的材料，以满足设计要求。

（2）耐久性

耐久性是指材料在长期使用过程中的抗疲劳和抗变形能力。结构材料应具有良好的耐久性，能够在长期受到载荷作用下保持稳定性能，延长结构的使用寿命。

（3）重量

结构的自重直接影响着其运输、安装和使用的成本。轻质材料可以减轻结构的自重，降低运输和安装成本，并且有助于提高结构的移动性。因此，在设计中需要权衡结构的强度和重量，选择适当轻量的材料。

（4）成本

材料成本是设计考虑的重要因素之一。虽然一些高性能材料可能具有优良的强度和耐久性，但其成本也相对较高，可能会增加总体成本。因此，在选择材料时需要进行成本效益分析，找到性能和成本之间的平衡点。

综上所述，选择适当的材料需要综合考虑强度、耐久性、重量和成本等因素，通过权衡这些因素确定最合适的材料，以确保设计的机械结构具有良好的性能和经济性。常用的机械结构设计材料主要包括钢材、铝合金。

钢材作为一种常用的结构材料，在工程应用中具有许多优点，但也存在一些局限性。其优点包括以下几点。①优良的强度：钢材具有较高的强度，能够承受较大的载荷和外部力的作用，使其成为承重结构的理想选择。②良好的可塑性：钢材易于加工成各种形状，可以通过切割、弯曲、焊接等工艺来满足不同的设计需求，适用于各种复杂的结构形式。③耐腐蚀性：钢材可以通过表面处理（如镀锌、涂层等）来提高其耐腐蚀性，适用于各种不同环境条件下的应用，包括室内和室外环境。④可回收性：钢材是可回收的材料，可以通过回收再利用来减少资源浪费和环境负担，符合可持续发展的要求。缺点包括以下几点。①密度较大：相比一些轻质材料（如铝合金、复合材料等），钢材的密度较大，使得结构的自重较重，可能会增加运输和安装的成本。②易受腐蚀：尽管钢材本身具有一定的耐腐蚀性，但在恶劣的环境条件下（如海洋环境、化工厂等），仍然容易受到腐蚀的影响，需要采取额外的防护措施。③易受疲劳和变形：在长期受到载荷作用下，钢材容易产生疲劳和变形，可能导致结构的损坏和失效，需要在设计中充分考虑这些因素。

铝合金作为一种常见的结构材料，在工程应用中也有许多优点和一些局限性，优点包括以下几点。①轻质高强：铝合金具有较低的密度，相比钢材更轻，但其强度却相对较高，这使得铝合金在要求结构轻量化的应用中具有优势。②优良的耐腐蚀性：铝合金具有良好的耐腐蚀性，不易受到大气、水和化学介质的腐蚀，适用于各种环境条件下的应用。③可塑性强：铝合金易于加工成各种形状，可以通过压铸、挤压、拉伸等工艺来满足不同的设计需求，具有良好的可塑性。④可回收性：铝合金是可回收的材料，可以通过回收再利用来减少资源浪费和环境负担，符合可持续发展的要求。缺点包括以下几点。①成本较高：相比一些常见的结构材料（如钢材），铝合金的成本较高，这可能会增加工程项目的总体成本。②强度低于钢材：尽管铝合金具有较高的强度，但与钢材相比仍然存在一定差距，对于一些要求较高强度的工程应用可能不够理想。③易受损伤：铝合金相对较软，容易受到机械损伤，如划痕、凹陷等，这可能会影响其使用寿命和外观。④热膨胀系数大：铝合金的热膨胀系数较大，当受到温度变化时，可能会导致结构的变形和应力集中，需要在设计中予以考虑。

为满足跨越架搭设移动平台机械结构的性能要求，需要综合考虑多种因素以确保平台的稳定性、安全性和可靠性。通过对实际工程进行分析，平台机械结构对于材料性能具有以下要求：承载能力高、轻量化、抗疲劳和变形。首先，承载能力的要求意味着机械结构需要具有足够的强度和稳定性，以支撑3～4人的重量和自身的重量。其次，轻量化也是一个需要着重考虑的因素。采用轻量化材料，能够减少平台整体的重量，提高系统的移动灵活性，并且能够减少支撑部位的受力以及作用在底层跨越架上的重力。另外，抗疲劳和变形的要求意味着机械结构需要具有良好的耐久性和稳定性，以确保长时间的运行和使用。综上所述，为满足跨越架搭设移动平台机械结构的性能要求，采用具有高强度的铝合金作为机械结构材料不仅能够满足系统对于承载能力、轻量化、抗疲劳和变形的要求，还具备良好的加工性、可塑性和经济性，为平台的稳定、安全、可靠运行奠定坚实的基础。

3.7　载荷及疲劳分析

1. 荷载与应力分析

跨越架搭设智能移动平台的机械结构设计需要考虑多方面的因素，包括载荷、稳定性、移动性、耐久性等。首先，需要对跨越架和移动平台所承受的各种力和应力进行详尽的分析，包括静载荷（如设备自身重量）和动载荷（如风载荷、作业设备负载等），以确保设计结构具有足够的强度。

静载荷主要包括跨越架和平台本身的重量，以及所有固定在其上的附加设备或构件的重量，这些重量将在整个结构中产生垂直向下的压力，需要确保结构能够承受这些力而不会发生变形或破坏。动载荷则更加复杂，包括来自外部环境的各种力的影响，其中最主要的是风载荷，特别是在高处的跨越架上，风力可能会产生较大的侧向压力。此外，还需要考虑作业设备本身的负载，包括在移动过程中可能出现的惯性力以及作业设备在工作时施加在结构上的额外载荷。这些动态载荷对结构的稳定性和安全性具有重要影响，需要在设计中予以充分考虑。

进一步，需要进行详尽的力学分析和结构计算，包括使用工程力学原理和计算方法，对结构的各个部分进行应力、应变和变形的计算和模拟。通过这些分析，可以确定结构中可能存在的弱点和潜在的失效模式，并采取相应的设计措施来加强结构，确保其足够的强度以应对各种外部力的作用。在设计过程中，通常会采用安全系数来考虑不确定性因素，确保结构具有足够的安全储备，以应对可能的超载情况。这样，即使在极端情况下，结构也能够保持稳定，不会发生严重的破坏或倒塌。通过对各种力和应力进行详尽的分析和计算，可以确保设计的结构在使用过程中能够安全可靠地运行，达到预期的使用寿命。

2. 机械机构疲劳分析

引起疲劳破坏的原因有内在因素和外在因素。内在因素包括材料的屈服极限、弹性模量等因素；外在因素包括应力幅值的大小、周期性交变载荷作用次数、平均载荷大小等因素。疲劳破坏有高周疲劳和低周疲劳。高周疲劳的应力循环次数多，所受应力小于屈服极限，零件寿命通常为 $10^6 \sim 10^7$ 次；低周疲劳所受应力一般在屈服极限附近，寿命在 $10^4 \sim 10^5$ 次。根据特点确定地脚螺母的疲劳破坏属于高周疲劳。

基于线性疲劳累积损伤理论对跨越架搭设平台系统的机械机构进行疲劳分析，该理论认为零件每次承受载荷谱作用产生的疲劳损伤可以线性累加，达到一定数值时就会产生疲劳破坏，该疲劳损伤定义为某一应力幅下的循环次数与该应力幅下总循环次数之比。

$$D=\frac{n}{N} \tag{3.1}$$

式中 D——疲劳损伤；

n——循环次数；

N——总循环次数。

如果一个零件同时承受多级应力幅，每一个应力幅都会对试件产生一个大小为 n_i/N_i 的损伤率。当损伤率达到 1 时，就会发生疲劳失效。

目前常用的疲劳寿命分析方法主要是名义应力法（S-N）和局部应变法（E-N）。名义应力法根据易产生疲劳部位的名义应力等因素进行疲劳寿命预测，适用于高周疲劳问题，分析流程如图 3-16 所示。

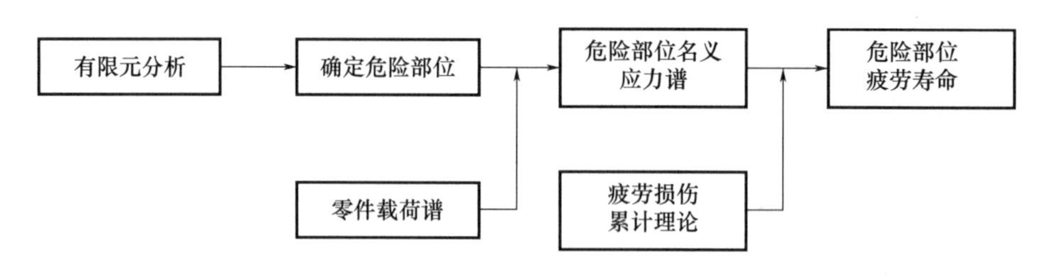

图 3-16 名义应力法分析流程

局部应变法对低周疲劳预测有良好效果，该方法认为零件的应力应变会影响应力集中处的疲劳寿命。分析流程如图 3-17 所示。

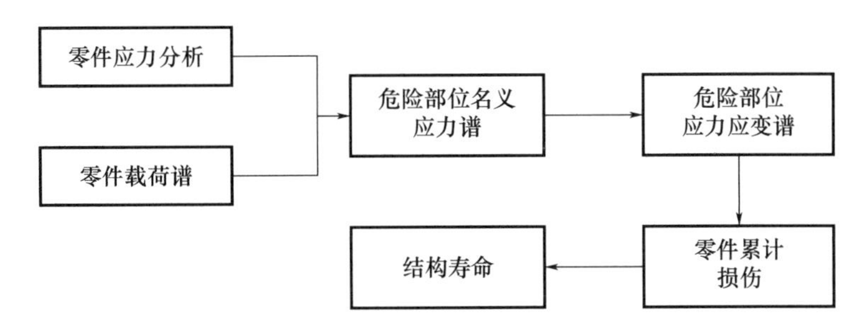

图 3-17　局部应变法分析流程

进行机械机构疲劳分析时可以采用 nCode DesignLife 软件，该软件几乎可以模拟所有疲劳问题，还可以借助 ANSYS Workbench 的项目管理系统和仿真计算能力获得疲劳分析所需要的有限元数据。在进行疲劳分析时，nCode DesignLife 可以在流程图中直接搭建在 ANSYS Mechanical 求解系统上，也可以独立使用。nCode DesignLife 的工作原理为依据材料的寿命曲线和有限元分析结果，考虑各种影响疲劳寿命的因素，应用不同的疲劳分析方法得到结构的疲劳预测。

3. 有限元分析与优化设计

有限元分析（Finite Element Analysis，FEA）是一种高度精确的工程仿真方法，通过数值计算来解决结构、流体力学、热传导等领域的问题。其核心思想是将复杂的结构或系统分解成许多小的、简单的几何单元，称为有限元。每个有限元都可以表示为一个局部的数学模型，通过数学建模和求解相应的微分方程或积分方程来描述其行为。这些微分方程或积分方程通常来自于基本的物理原理，如力学、热力学和流体力学等。在有限元分析中，首先需要建立物体的几何模型，然后将其离散化为有限元网格。接着，根据物体的材料性质和受力情况，建立相应的边界条件和加载条件。随后，使用数值方法，例如有限元法，将问题转化为一个线性或非线性方程组，并利用计算机进行求解。最终得到系统的行为和性能，如应力、应变、温度分布等。有限元分析在工程设计、产品开发和材料研究等领域广泛应用，它可以帮助设计者预测产品在各种工作条件下的性能，评估不同设计方案的优劣，优化产品设计，减少试验成本和时间。通过对系统行为的深入理解，有限元分析还可以指导改进工程设计、提高产品质量和安全性。因此，它在工程实践中扮演着不可或缺的角色。

利用有限元分析方法对跨越架搭设智能移动平台进行力学和结构性能的

分析，可以帮助平台评估在各种工作条件下的强度、刚度、稳定性以及振动特性，以确保其设计符合安全要求，并且能够稳定可靠地执行各项任务。

在进行有限元分析时，针对移动平台的横移系统、纵移系统、载人平台以及物料吊运系统进行几何建模，包括获取平台的精确尺寸、形状和结构特征，以便在计算机辅助设计软件中进行几何建模。然后，将这些几何模型分割成许多小的有限元单元。接下来，需要确定平台所使用材料的力学性质，包括材料的弹性模量、泊松比、屈服强度等力学参数，这些参数通常通过实验测试获得，或者从已有的材料数据库中获取。确定材料的力学性质对于准确描述平台的行为和性能至关重要。在建立了几何模型和确定材料性质后，需要定义平台所受的各种载荷条件，包括平台自重、载人荷载、运载物料的重量、外部环境加载等。对于每种载荷条件，将其转化为数学表达式或边界条件，并将其应用于有限元模型。最后，通过数学建模和求解相应的微分方程或积分方程，可以得到平台在不同工况下的应力、应变、变形等结果，这些结果可以帮助工程师评估平台的结构强度、稳定性、刚度等性能，并根据需要进行设计优化。此外，有限元分析还可以用于预测平台在不同工况下的疲劳寿命，减少潜在的故障风险，提高其性能和安全性，确保平台能够在实际应用中稳定可靠地工作。

第4章 跨越架搭设智能移动平台控制系统设计

控制系统是跨越架搭设智能移动平台核心组成部分，是平台正常工作的保障，负责执行平台移动任务、监测平台作业情况、在运行过程中对产生的数据信息进行实时交换、信息监控、参数修改等。跨越架搭设智能移动平台集机械传动、控制系统、通讯系统于一体，每个部位出现问题都将对平台产生安全隐患甚至引发安全事故。本章通过对控制系统的设计与实现，保证平台完成升降、平移作业任务的同时，有效提升智能移动平台的控制精度、运行效率、安全性和适应性，从而更好地服务跨越架搭设工作。

4.1 控制系统总体设计方案

4.1.1 系统架构及功能

跨越架搭设智能移动平台控制系统架构如图 4-1 所示，控制系统主要由控制模块、人机交互模块、驱动模块、传感检测模块、安全报警模块等组成。控制模块作为信号传递的枢纽，一方面接收传感器检测到的信号对各电机进行控制，另一方面与人机界面进行信息交互，实现对整个平台运动的监测与控制。控制模块采用 PLC 控制器作为主控、伺服驱动器作为从控的方式；驱动模块包括电机、舵机，为平台移动提供动力；传感检测模块实时反馈系统工作状态。控制系统实质为多电机控制系统，控制过程简述为：PLC 发出控制信号给伺服驱动器，电机以特定速度运行，执行机构在电机的转动带动下，向相应点位运行到位，伺服电机上的编码器将到位信号反馈至伺服驱动器，从而完成一个完整的运动执行控制。

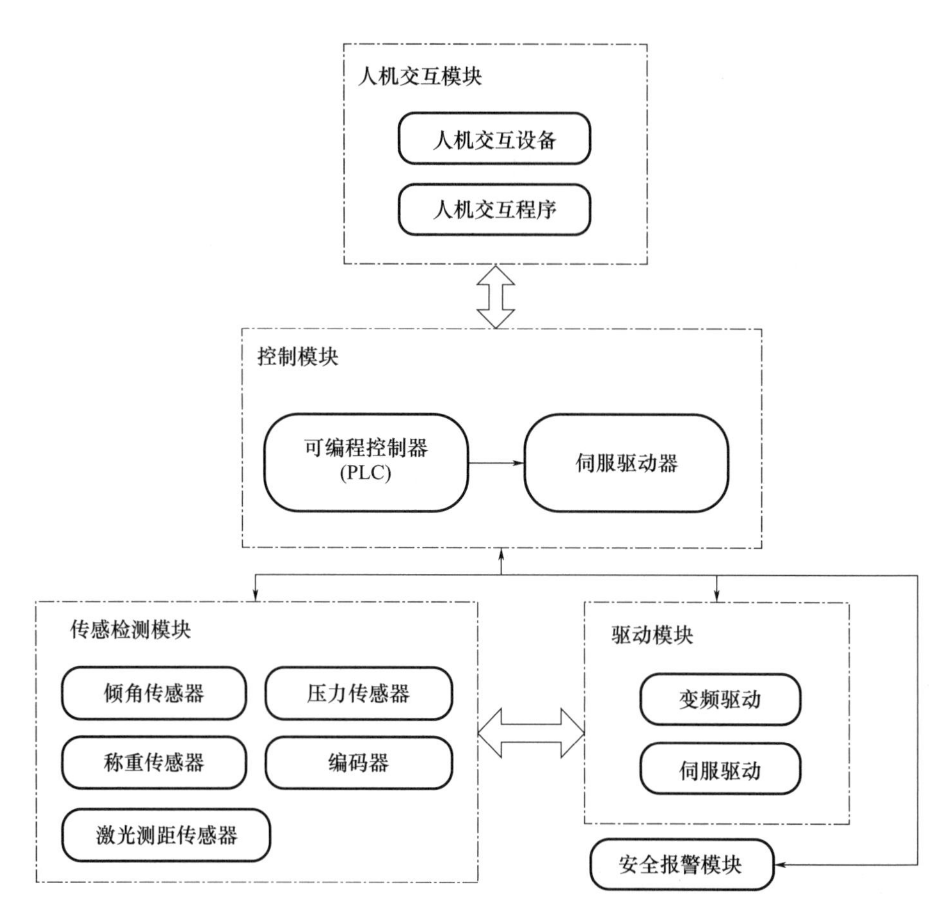

图 4-1　控制系统架构图

若按照层级进行划分，系统主要包括三层，分别是管理监控层、控制层和现场层。管理监控层由上位机、操作按钮、键盘等组成，负责平台整体平衡升降控制、横移控制、报警、数据显示、上位机与控制层之间通讯等功能；控制层包括 PLC、伺服驱动器，负责平台各电机及舵机控制；现场层由电机、舵机、倾角传感器、称重传感器、压力传感器、速度传感器等组成，主要负责平台作业现场信号的采集及现场驱动。

智能移动平台根据作业任务可进行升降、横向移动及精准定位，且需保证平台移动过程中不发生倾斜。为完成上述控制目标，现对控制系统按照功能进行划分，则跨越架搭设智能移动平台控制系统由驱动系统、同步系统、平衡系统、支撑定位系统、远程监控系统构成，各子系统共同协调完成平台升降、平移作业任务以及远程监控任务，高效协助完成跨越架搭设工作，各子系统功能如图 4-2 所示。本章后续将对每个子系统展开介绍。

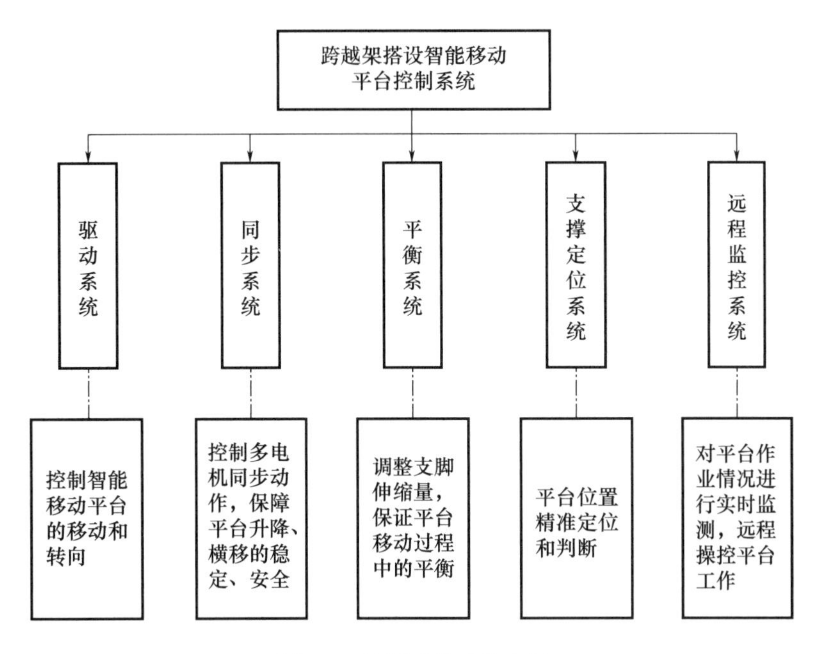

图4-2　控制系统功能介绍

4.1.2　主要硬件选型

1. 控制器选型

本系统控制模块包含主控PLC以及伺服驱动器。

1）PLC

PLC又称为可编程序控制器，以二进制逻辑运算为主，是专为工业环境应用而设计的工业控制器，其工作原理是通过输入和输出模块来收集和发送信号，以控制和监测连接到它的各种设备和仪器。它可以接受多种传感器的输入信号，如温度、压力、流量等，并基于预设的逻辑和算法进行处理。PLC的编程语言通常使用逻辑图表、迭代语句、条件语句等，以实现各种控制逻辑和功能。它可以执行诸如启动/停止机器、调节速度、控制温度等任务。PLC还可以与其他设备（如人机界面、传感器、执行器等）进行通信，以实现更高级的自动化控制。

作为一个以数字控制为主特征的工业计算机，它由硬件、软件两部分组成。与一般的PC机相比，它具有更强的与工业控制相连的接口，同时编程语言简单、易于修改。在硬件结构上，PLC由以下几个主要组成部分构成。①CPU（中央处理器单元）：CPU是PLC的核心部件，负责执行控制逻辑和算法。它接收输入信号，并根据预设的程序进行处理，然后发送输出信号以控制外部设备。②输入模块：输入模块用于接收来自传感器、开关、按钮等设备的信号。它将这些信号转换为数字信号，传递给 CPU 进行处理。③输出模块：输出模块用于发送控制信号给执行器、驱动器、显示器等设备。它将 CPU 处理后的数字信号转换为适合外部设备使用的信号。④存储器：PLC 中的存储器用于存储程序、数据和参数。它包括 RAM（随机存取存储器）和 ROM（只读存储器）。RAM 用于存储正在执行的程序和数据，而 ROM 用于存储永久性的程序和数据。⑤通信接口：PLC 的通信接口用于与其他设备进行数据交换和通信。它可以与上位机、人机界面、网络等进行连接，以实现远程监控和远程控制功能。⑥电源模块：电源模块为 PLC 提供稳定的电源供应。它将输入的电源电压转换为适合 PLC 使用的电源电压。⑦编程端口：编程端口是用于连接编程设备，如编程电缆、编程软件等的接口。通过编程端口，用户可以编写、修改和上传控制程序到 PLC 中。

PLC 的品牌多种多样，不同品牌 PLC 的种类又较多，故在选择 PLC 的品牌与具体型号时，主要从以下几点来考虑。

（1）相关性

相关性要求控制系统以实际需求为前提，从整个系统控制的目的、方式、规模以及通讯等方面来确定品牌和具体型号。做到按需选型，选择相关性最好的 PLC。

（2）扩展性

扩展性要求控制系统在配置时，要留有适当的扩展空间。对于整个控制系统，在规划设计初期很难考虑到所有功能需求。因此，所选硬件必须具有一定的扩展功能。

（3）可靠性

可靠性要求所选设备的抗干扰能力强，在工业环境中可经受考验，避免后期调试运行过程中出现诸多不稳定的问题。

（4）经济性

经济性要求所选硬件性价比要高，在满足性能要求的前提下，使得所选硬件的价格最低。

（5）完备性

完备性要求所配置的系统功能齐全，防止安装完毕后再增加配置使得安装变得烦琐。

根据以上原则，对市场上几种典型的 PLC 进行比较后，可选用西门子 S7-1200PLC 作为控制系统的核心。西门子 S7-1200 系列 PLC 采用了模块化和紧凑型设计，将处理器、传感器电源、数字量输入输出、高速输入输出和模拟量输入输出组合到一起，且集成了 PROFINET 接口，使用集成的 PROFINET 接口可进行编程、HMI（Human Machine Interface）通信和 PLC 间的通信，PROFINET 接口集成的 RJ-45 连接器具有自动交叉网线功能，提供 10/100 Mbit/s 的数据传输速率，工作人员很容易通过工业以太网实现生产的自动化和远程监控。在可扩展性方面，其最多可扩展 3 个通信模块和 8 个信号模块。

西门子 S7-1200 系列 PLC 的程序块类型包括组织块（OB）、功能块（FB）、功能（FC）、数据块（DB），其程序结构如图 4-3 所示，用户程序可采用结构化编程，将程序根据任务分层划分，每一层控制程序作为上一层控制任务的主程序，同时调用下一层的子程序，形成嵌套调用。西门子 S7-1200 系列 PLC 采用 TIA 博途（Totally Integrated Automation Portal）编程组态软件，可对西门子 S7-1200 PLC 和西门子 HMI 面板进行统一编程、硬件配置、网络组态以及对已组态系统测试、试运行和维护。

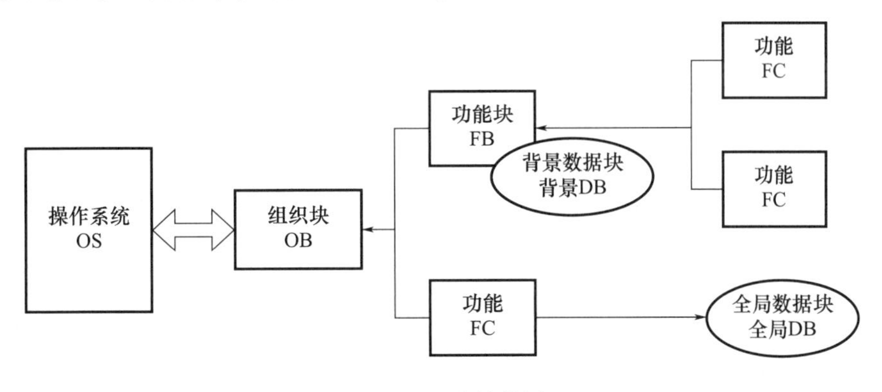

图 4-3 程序结构图

2）伺服驱动器

伺服驱动器又称伺服控制器，是交流伺服系统的核心设备，用于控制伺服电机。伺服驱动器的功能是将工频（50Hz 或 60Hz）交流电源换成幅度和频率均可变的交流电源提供给伺服电机。当伺服驱动器工作在速度控制模式时，通过控制输出电源的频率来对电机进行调速；当工作在转矩控制模式时，通过控制输出电源的电压幅度来对伺服电机进行转矩控制；当工作在位置控制模式时，根据输入脉冲来决定输出电源的通断时间。

伺服驱动器的工作原理可以概括为三个部分：控制信号的接收、控制算法的处理和电机驱动。当伺服驱动器接收到来自控制系统的控制信号时，它会将这些信号输入到控制算法中进行处理，控制算法根据这些信号来计算伺服电机的最佳运动轨迹，将这些信息输出到电机驱动部分。驱动部分负责将控制算法输出的信号转换为能够驱动伺服电机的实际电流和电压。在这个过程中，伺服驱动器还需要与伺服电机进行通信，获取电机的状态信息，实时调整电机的运动轨迹。

由于本系统驱动电机为交流电机，且平台在跨越架上移动时对定位精度要求较高，能够实现电机间的高精度同步。因此，平台需选用高精度交流伺服驱动器，例如英威腾 DA200 系列交流伺服控制器。

2. 驱动设备

1）伺服电机

伺服电机（Servo Motor）是一种能够精确控制位置角度的电机，通常由电机、传感器和控制器组成，可以根据输入的控制信号精确地控制输出轴的位置、速度和加速度，具有高精度的位置控制、快速响应能力、较高的输出扭矩和较宽的速度范围等优点，常应用于需要精确位置控制的场合。伺服电机通常需要外部供电以及专用的控制器和驱动电路，确保其正常运行和控制。控制器通常使用 PID（比例、积分、微分）控制规律或其他高级控制算法来实现精确的位置控制。PID 控制算法根据设定值和反馈值之间的误差，计算出一个控制信号，用于调整电机的输出力矩或速度，以减小误差并使实际位置逐渐接近设定值。

此外，由于不同类型的伺服电机具有不同的特性和适用范围，选择适合特定应用需求的伺服电机非常重要，选型时需要考虑以下关键因素。

（1）负载要求

确定所需的输出扭矩和转速范围，以适应负载特性和要求。考虑负载惯性、摩擦力和阻力等因素，确保伺服电机能够提供足够的扭矩和速度来满足应用需求。

（2）控制精度

确定所需的位置控制精度和响应速度。不同应用场合对控制精度要求不同，需要根据实际需求选择适合的伺服电机。

（3）环境条件

考虑伺服电机的工作环境条件，包括温度、湿度、振动等。确保选型伺服电机能够在特定工作条件下正常运行，并具备足够的可靠性和耐久性。

（4）功率和电源

确定所需电源和功率要求。伺服电机通常需要外部供电，需要根据实际应用场合来选择适当的电源电压和功率。

（5）控制系统

考虑伺服电机的控制系统，包括控制器和驱动器，确保所选择的伺服电机能够与所使用的控制系统兼容，并能够实现所需的控制功能。

（6）成本和可靠性

综合考虑伺服电机的价格和可靠性。根据预算和应用需求，选择性价比较高的伺服电机品牌和型号。

综合考虑本智能移动平台工作任务、施工环境特点等因素，电机选用永磁同步电机，共配置四套伺服电机，其中两套驱动平台进行升降移动，两套驱动平台横向移动。

2）舵机

舵机（Servo）是一种特殊类型的伺服电机，主要用于控制机械系统中的角度位置。通常由电机、控制电路和反馈装置组成。舵机最常见的用途是在机器人、无人机和自动化系统中控制舵面、摄像头云台、机械臂等部件的角度位置，具有高精度的位置控制、直接控制角度位置的能力，以及较低的转矩输出等特点。

舵机的控制信号通常是通过脉冲宽度调制（PWM）方式传递的，控制信号的脉宽决定了舵机的位置。一般来说，舵机的中立位置是脉宽为 1.5 毫秒，左右极限位置的脉宽范围通常在 0.5 毫秒到 2.5 毫秒之间。舵机一般采用闭环控制，即具有内置的位置反馈装置（通常是一个旋转电位器）来提供实际位置信息给控制电路，以便控制电路根据设定值和反馈信息进行比较，并调整舵机输出的角度位置。选择舵机时需要考虑以下关键因素。

（1）扭矩和速度要求

根据应用需求确定所需的扭矩和速度范围。舵机通常提供的扭矩较小，适用于需要精确角度控制而不需要大扭矩的应用。

（2）控制精度

确定所需的角度控制精度。舵机的控制精度通常在小数度到几度之间，具体取决于舵机型号和制造商。

（3）电源和电压

确定所需的电源和电压要求。舵机通常需要直流电源供电，并有特定的电压要求。

（4）尺寸和安装

考虑舵机的尺寸和安装方式，确保它能够适应应用中的空间限制和安装需求。

（5）成本和可靠性

综合考虑舵机的价格和可靠性，选择适合预算和应用需求的品牌和型号。

总体来说，舵机是一种适用于需要精确角度控制的应用电机，选择时需要根据应用需求和技术规格来确定最适配的舵机型号，本平台采用四台舵机对支脚转向进行控制。

3. 蜗轮减速器

蜗轮减速器是一种动力传达机构，利用齿轮的速度转换器，将电机的回转数减速到所要的回转数，并得到较大转矩的机构。它通常由几个齿轮组成，这些齿轮之间通过齿轮传动进行连接，以实现转速的减小，旨在通过减小转速来增加扭矩，从而实现更高的功率输出。本平台配备两台蜗轮减速器，与永磁同步电机配套完成平台升降、横向移动控制。

4. 传感器

跨越架搭设自动移动作业系统是一个复杂的系统，需要配置其他传感器来实现平台的平衡自调节功能，主要包括如下传感器。

1）倾角传感器

倾角传感器是一种专门用于监测作业平台水平倾斜程度的关键设备，其作用为及时感知载人平台相对于水平面的倾斜情况。水平倾角传感器安装于跨越架搭设智能移动平台载人平台处，不断地监测平台倾斜角度，并将检测到的倾角数据发送给控制器，控制器根据接收到的反馈倾角数据与预先设定的水平阈值进行比较控制平台支脚伸缩量变化，以减小倾角值，使其保持在安全范围内，从而确保平台始终保持在稳定的水平位置。

倾角传感器基础原理是基于牛顿第二定律，根据牛顿第二定律基本的物理原理，在一个系统内部速度是无法测量的，但却可以测量其加速度。如果初速度已知，就可以通过积分计算出线速度，进而可以计算出直线位移。所以，倾角传感器其实是运用惯性原理的一种加速度传感器。当倾角传感器静止时也就是侧面和垂直方向没有加速度作用，那么作用在它上面的只有重力加速度，重力会使加速度计指向地球的重力方向；当物体发生倾斜时，加速度计会感应到重力分量的改变，通过计算和处理这些数据，传感器可以准确测量出物体的倾斜度。如图 4-4 所示。

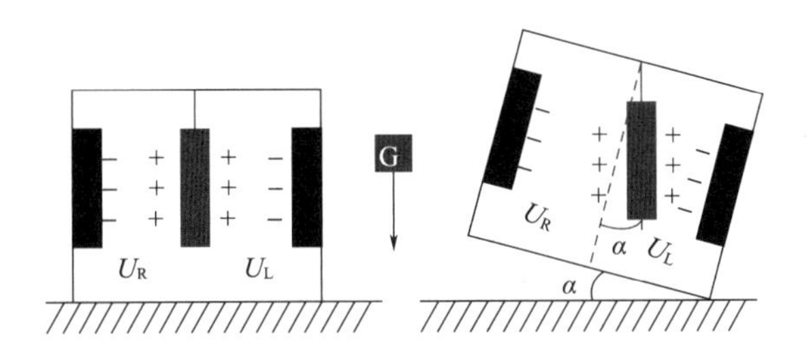

图 4-4　倾角传感器原理

随着自动化和电子测量技术的发展，倾角传感器的种类也逐渐增多，从工作原理上可分为“固体摆”式、“液体摆”式、“气体摆”式三种倾角传感器。

(1)“固体摆”式。

这是一种在设计中广泛采用的力平衡式伺服系统，如图 4-5 所示，其由摆锤、摆线、支架组成，摆锤受重力 G 和摆拉力 T 的作用，其合外力 $F=G\sin\theta=mg\sin\theta$。其中，$\theta$ 为摆线与垂直方向的夹角。在小角度范围内测量时，可以认为 F 与 θ 呈线性关系，应变式倾角传感器就基于此原理。

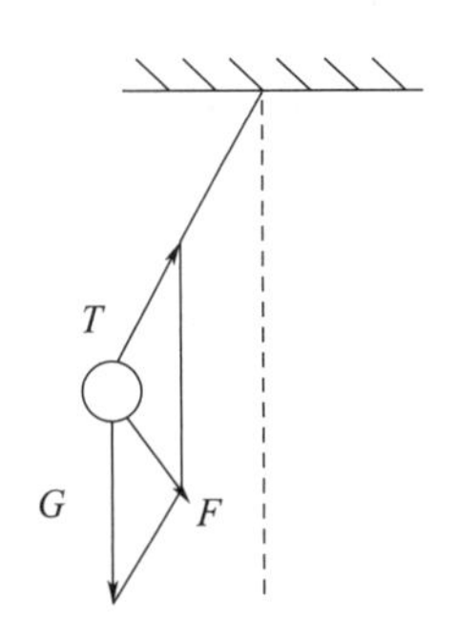

图 4-5　固体摆原理图

(2)“液体摆”式。

它的结构原理是在玻璃壳体内装有导电液，并有三根铂电极和外部相连接，三根电极相互平行且间距相等，如图 4-6 所示。当壳体水平时，电极插入导电液的深度相同。如果在两根电极之间加上幅值相等的交流电压时，电极之间会形成离子电流，两根电极之间的液体相当于两个电阻 R_{I} 和 R_{II}。若液体摆水平时，则 $R_{\mathrm{I}}=R_{\mathrm{III}}$。

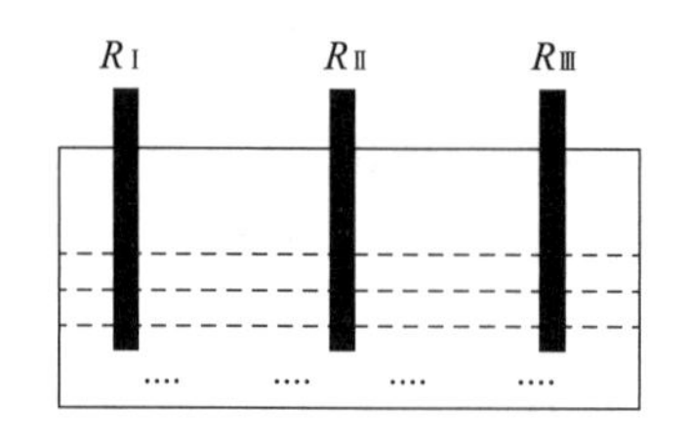

图 4-6　液体摆原理图

当玻璃壳体倾斜时，电极间的导电液不相等，三根电极浸入液体的深度也发生变化，但中间电极浸入深度基本保持不变，如图 4-7 所示。左边电极浸入深度小，则导电液减少，导电的离子数减少，电阻 R_{I} 增大，相对极则导电液增加，导电的离子数增加，而使电阻 R_{III} 减少，即 $R_{\mathrm{I}}>R_{\mathrm{III}}$。反之，若倾斜方向相反，则 $R_{\mathrm{I}}<R_{\mathrm{III}}$。

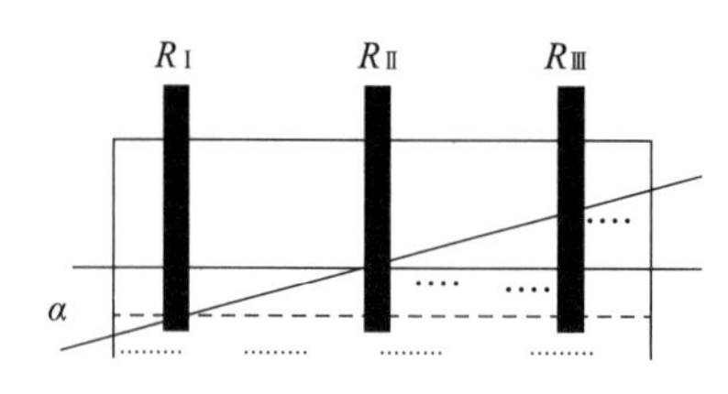

图 4-7　液体摆液体变化示意图

（3）“气体摆”式。

“气体摆”式惯性元件由密闭腔体、气体和热线组成，当腔体所在平面相对水平面倾斜或腔体受到加速度的作用时，热线的阻值发生变化，并且热线阻值的变化是角度或加速度的函数，因而也具有摆的效应。其中，热线阻值的变化是气体与热线之间的能量交换引起的。

“气体摆”式惯性器件的敏感机理基于密闭腔体中的能量传递，在密闭腔体中有气体和热线，热线是唯一的热源。当装置通电时对气体加热，在热线能量交换中对流是主要形式。

气体摆式检测器件的核心敏感元件为热线。电流流过热线，热线产生热量，使热线保持一定的温度。热线的温度高于它周围气体的温度，动能增加，所以气体向上流动。在平衡状态时，如图 4-8（a）所示，热线处于同一水平面上，上升气流穿过它们的速度相同，这时气流对热线的影响相同，流过热线的电流也相同，电桥平衡。当密闭腔体倾斜时，热线相对水平面的高度发生了变化。

如图 4-8（b）所示，密闭腔体中气体的流动是连续的，所以热气流在向上运动的过程中，依次经过下部和上部的热线。若忽略气体上升过程中克服重力的能量损失，则穿过上部热线的气流已经与下部热线的产生热交换，使穿过两根热线时的气流速度不同，因此流过两根热线的电流也会发生相应的变化，所以电桥失去平衡，输出对应倾斜角度的电信号。

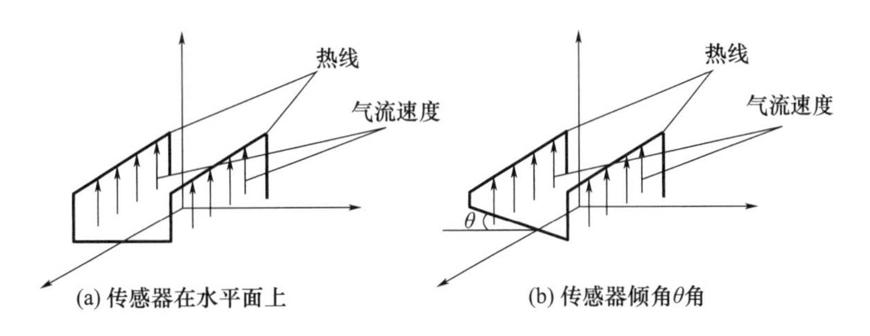

图 4-8　气体摆原理图

基于固体摆、液体摆及气体摆原理研制的倾角传感器而言，它们各有所长。在重力场中，固体摆的敏感质量是摆锤质量，液体摆的敏感质量是电解液，而气体摆的敏感质量是气体。

气体是密封腔体内的唯一运动体，它的质量较小，在大冲击或高过载时产生的惯性力也很小，所以具有较强的抗振动或抗冲击能力。但气体运动控制较为复杂，影响其运动的因素较多，其精度无法达到高精度系统的要求；固体摆倾角传感器有明确的摆长和摆心，其机理基本上与加速度传感器相同。在实用中产品类型较多，如电磁摆式，其产品测量范围、精度及抗过载能力较高，应用也较为广泛。液体摆倾角传感器介于固体摆和气体摆之间，其系统稳定，在高精度系统中应用较为广泛。

综合本跨越架搭设智能移动系统作业的工作环境、作业特点、控制要求等因素，本平台可选用液体摆倾角传感器，通过在平台安装水平倾角传感器，能够通过及时准确地响应平台倾斜情况，保障系统有效地降低意外事故发生的风险，为作业人员提供安全的工作环境。

2）称重传感器

称重传感器是平衡系统中用来测量平台作业时所携带负载重量的装置，其安装在平台的支撑结构上，这些传感器能够精准地监测平台负载的重量变化。

其工作原理为弹性体（弹性元件，敏感梁）在外力作用下产生弹性变形，使粘贴在其表面的电阻应变片（转换元件）也随同产生变形，电阻应变片变形后，它的阻值将发生变化（增大或减小），再经相应的测量电路把这一电阻变化转换为电信号，从而完成将外力变换为电信号的过程。电阻应变片、弹性体和检测电路、传输电缆是电阻应变式称重传感器中不可缺少的几个主要部分。

① 检测电路：检测电路的功能是把电阻应变片的电阻变化转变为电压输出。因为全桥式等臂电桥的灵敏度最高，各臂参数一致，各种干扰的影响容易相互抵消，所以称重传感器均采用全桥式等臂电桥。

② 弹性体：弹性体是一个有特殊形状的结构件。它的功能有两个，首先是它承受称重传感器所受的外力，对外力产生反作用力，达到相对静平衡；其次，它要产生一个高品质的应变场（区），使粘贴在此区的电阻应变片比较理想地完成应变到电信号的转换任务。

③ 电阻应变片：电阻应变片是把一根电阻丝机械地分布在一块有机材料制成的基底上，即成为一片应变片。它的一个重要参数是灵敏度系数 K。当其两端受 F 力作用时，将会伸长，也就是说产生变形。设其伸长，其横截面积则缩小，即它的截面圆半径减少。电阻应变片的电阻变化率（电阻相对变化）和电阻丝伸长率（长度相对变化）之间成比例的关系。需要说明的是，灵敏度系数 K 值的大小是由制作金属电阻丝材料的性质决定的一个常数，它和应变片的形状、尺寸大小无关，不同材料的 K 值一般在 1.7～3.6；其次，K 值是一个无因次量，即它没有量纲。在材料力学中 $\Delta L/L$ 称作为应变，记作 ε，用它来表示弹性往往显得太大，很不方便，常常把它的百万分之一作为单位，记作 $\mu\varepsilon$。

本平台利用称重传感器提供的实时数据可在线监控平台负载的重量变化，由于跨越架的设计是基于其最大预期负载，因此，负载监测至关重要。若负载超出设计范围，可能导致跨越架结构不稳定，甚至损坏，进而危及工作安全。利用称重传感器实时监测数据，能够辅助调整跨越架搭设移动作业系统支撑结构的稳定性，并限制额外的负载增加，有效避免架体平台潜在的结构损坏和安全风险。

3）编码器

平台在升降过程中，电机的输出转速不同步或波动较大会直接影响平台各支柱运动的同步性以及平台稳定性，因此，电机的速度与支脚的位置必须实时监控与调节。

编码器是一种速度与位移传感器，其工作原理是通过将计量圆光栅所检测到的空间角位置信息转换成相应的脉冲或者数字代码形式输出，通过计算机数据处理，实现转速与位置测量。当前，编码器主要有增量型和绝对型两种。增量型编码器是将角位移转换成电脉冲信号，通过检测单位时间内的脉冲信号进行测速；绝对型编码器中的每一个位置都对应一个固定的数字码，更适合位置测量。

通常情况下，增量型编码器具有A、B、Z三个相位输出。A相与B相主要用于脉冲输出，A相与B相根据脉冲输出相互延迟1/4周期检测电机的正反转；Z相为单圈脉冲，即编码器每旋转一圈产生一个脉冲，主要用于电机复位或零相位使用。本设计采用增量式编码器，用于实时监测电机转速。

4）激光测距传感器

作业过程中需要对平台移动高度及位置进行精准定位，本设计采用激光测距传感器进行平台移动高度的测量，激光测距原理简述如下。

测量目标的距离是通过如图4-9所示的过程来确定的。首先发射激光束，让其在空中传播并击中目标；然后收集反射回来的光线。通过记录激光发射和接收反射光的时间差，可以计算出相应的距离。

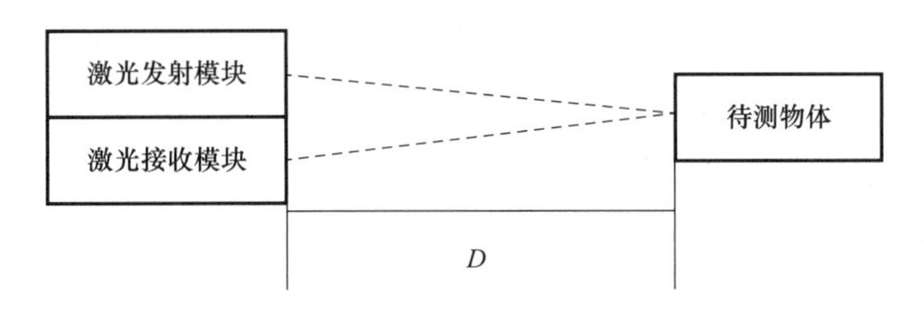

图4-9　激光测距系统基本原理

如图4-9所示，假设D表示激光发射模块以及激光接收模块与待测物体之间的距离，同时，这两个模块与待测物体之间的夹角表示为α，激光由激光发射模块射出，经过待测物体反射后由激光接收模块接收。此时，将激光接收模块接收反射光所花费的时间记录为t，则根据光在真空中传播的速度为c，便可以通过下述计算得出激光发射模块和激光接收模块与待测物体之间的距离D为：

$$D=c\times\frac{t}{2}\times\cos\frac{\alpha}{2} \tag{4.1}$$

而当$\alpha \approx 0°$时，则可以将下式近似地化简为：

$$D = c \times \frac{t}{2} \tag{4.2}$$

与其他测距仪如微波测距仪等相比，激光测距仪具有探测精度高、距离远、抗干扰能力强、保密性好、体积小、重量轻等优点。激光测距技术根据不同的测量方式，大体可以分为相位式测距法、脉冲式测距法、干涉法、反馈式、三角法和频率调制连续波法（FMCW）等多种方法。这些不同的技术方法各具特点，也正是这些特点使得激光测距系统可以适用于多样的测量领域与测量环境。

相位式激光测距是激光测距中的一个主要方式，因其较高精度的测量特点，在诸多检测装置上都有着广泛的应用。相位式激光测距仪采用的是一种通过测量发射光和反射光之间相位差的技术，以准确测定距离。在这个过程中，该仪器使用无线电波段频率通过对发射的激光进行调制并以固定频率光波形式传播，从而测定调制光往返测量线所产生的相位延迟，然后，由探测器将返回的光波转换为电子信号进行处理。通过这种方法，再根据调制光的波长将相位延迟换算成实际的距离。这相当于使用了一种间接的方式来测量光往返测量线所需的时间。这种基于激光通信的测距方法不仅在多种检测装置中得到广泛应用，并且由于采用了调制以及差频测相等技术，可以通过比较发射端和接收端信号的相位变化来准确地推算出目标的距离，从而实现较高的精度，所以，特别适合于需要高精度和精确距离测定的场合。

相位式测距的波形展开图如图 4-10 所示，A 表示激光发射初始位置，B 表示激光到达目标物表面的位置，A'为激光回波接收的位置，D 为激光发射至目标物的距离，D'为激光从目标物返回至探测器的距离，φ_{2D}表示激光往返后产生的相位差。

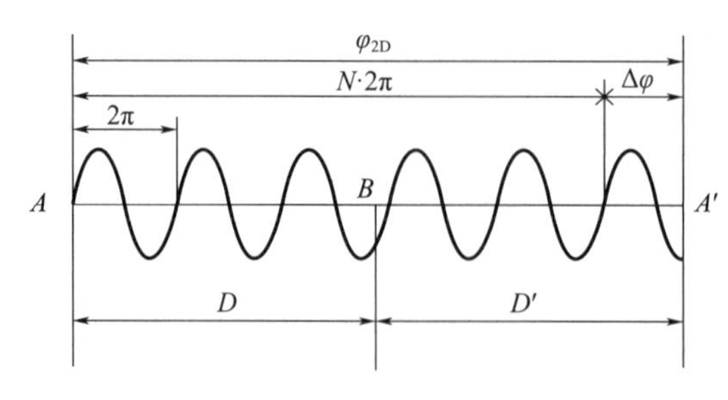

图 4-10　测距波形展开图

调制后的激光以 2π 为一个周期，与之对应一个调制波长 λ，由图可知φ_{2D}可表示为：

$$\varphi_{2D}=N\times 2\pi+\Delta\varphi \tag{4.3}$$

式中，N 为光波经过的整周期数，$\Delta\varphi$ 为除整波长外的相位尾数，φ_{2D}和时间t_{2D}之间的关系为：

$$t_{2D}=\frac{\varphi_{2D}}{\omega}=\frac{\varphi_{2D}}{2\pi f} \tag{4.4}$$

其中，ω 为角速度，f 为调制后的光波发射频率。将式（4.4）代入至式（4.2），得到距离 D 为：

$$D=\frac{c}{2}\times\frac{\varphi_{2D}}{2\pi f}=\frac{c}{4\pi f}\times\varphi_{2D} \tag{4.5}$$

再将式（4.3）代入式（4.5），得到距离 D 为：

$$D=\frac{c}{2f}\times\frac{\varphi_{2D}}{2\pi}=\frac{c}{2f}\times\frac{N\cdot 2\pi+\Delta\varphi}{2\pi}=\frac{c}{2f}\times\left(N+\frac{\Delta\varphi}{2\pi}\right) \tag{4.6}$$

式中，c 和 f 是已知的，$\Delta\varphi$ 可由鉴相系统测出，而 N 值无法被直接测得，称作模糊距离。

为了解决模糊距离的问题，目前通常使用多测尺频率测距方法进行测量，即当采用较低频率的调制波进行测量时，由于波长较长，可以估算出测量目标的大概距离，随后，再通过一个较高频率的调制波进行测量，可以获取准确的尾数，同时依据低频率测尺得出的估算距离可以计算得出整周期的个数 N。通过多次测量，远距离测距与高精度之间的矛盾可以通过不同频率测尺的探测得以解决。

5）压力传感器

在跨越架搭设智能移动作业系统中，支脚的固定至关重要，以确保整个系统的稳定性和安全性。为了实现这一目标，系统可配备压力传感器，安装于支脚底部。当支脚结构与承插型盘扣式跨越架横杆接触支撑时，支脚底部的压力传感器会检测到相应的压力信号。

压力传感器是一种将物理量转换为电信号输出的传感器，它的信号处理通常由放大器、信号处理器和一个显示器组成。压力传感器的作用是将压力信号转换成电信号，用于监测、控制和反馈。在压力变化较小的情况下，同时使用压力变送器和放大器，可以增强信号，提高测量精度。

压力传感器的工作原理基本上是利用轴或膜片的变形来测量压力的大小。当压力施加到轴或膜片上时，轴或膜片会发生一定的变形，通过测量这种变形的程度来确定所施加的压力大小，最常用的原理是电阻式和电容式。电阻式压力传感器是一种基于电阻式变化原理的传感器，其测量原理是通过电阻变化来测量被测压力值。这种类型的传感器通常由一个弹性金属薄膜、一组电极和一组底板组成。当外界施加压力时，弹性中的薄膜变形，使其表面的电阻发生变化。电容式压力传感器是一种基于电容变化原理的传感器，其测量原理是利用介质或金属器件的电容变化来实现对被测量的压力测量。该传感器通常由静电电容、铝薄膜和导电胶水等部件组成。当外界施加压力时，铝薄膜和导电胶水被挤压，其电容产生变化，电容式压力传感器通过测量电容变化来判断被测量的压力大小。

以上介绍了本智能移动平台涉及的主要硬件，如图 4-2 所示，按照功能划分平台由驱动系统、同步系统、平衡系统、支撑定位系统和远程监控系统构成。下面，将对各子系统逐一展开介绍。

4.2 驱动系统设计

4.2.1 系统功能介绍

驱动系统是用于控制和驱动智能移动平台运动的系统，其主要作用是通过电机和传动装置将电能转换为机械运动，从而实现智能移动平台的移动、转向或定位，以满足特定应用场景下的平台运动要求。考虑到系统设计的首要要求是尽可能轻量化，因此，设计时需要考虑以下三方面，即驱动部分整体质量轻量化、功率密度最大化以及响应快速化。

驱动系统由电机、舵机、伺服驱动器、蜗轮减速器等构成，结合跨越架搭设智能移动平台运动机械结构，完成平台升降系统、横移系统以及支脚控制任务。

如图 4-11 所示，升降系统采用两套伺服电机与蜗轮减速器配合驱动，施工平台在电机驱动下可沿立柱上下升降，该设计既能保证较高的功率密度和快速响应速度，又能控制平台整体质量在较轻水平；横移系统由两套伺服电机驱动，此种配置可以实现横移运动的高效、精确控制，同时确保系统具有较高的功率密度，适应作业现场要求；支脚调节系统由四台舵机进行驱动，舵机通过控制转向对支脚进行控制，既保证了系统的轻量化，同时满足对系统响应速度和控制精度的要求。

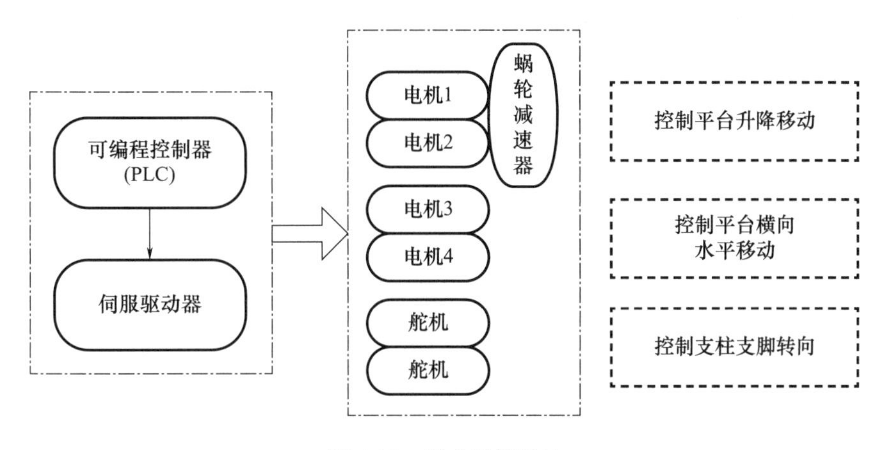

图 4-11　驱动系统结构

4.2.2　系统建模

驱动系统由机械驱动部分、电气驱动部分组合而成，对其进行机电一体化建模，是对系统进行控制策略研究的基础。本平台电机选用永磁同步电机，针对直接驱动型电动舵机，其动态特性与其内部电机的特性密切相关，根据本平台选用电机类型，现探讨永磁同步电机（PMSM）的数学模型。

永磁同步电机的数学模型可以通过多种方法建立，其中最常用的方法是采用 dq 坐标系和三相电路理论。具体而言，建立永磁同步电机的数学模型需要先对其电路和结构进行建模，并通过 Maxwell 方程和电路方程描述电机的电磁和电学特性。然后，将这些方程转换到 dq 坐标系中，得到 dq 坐标系下的电磁和电学方程。在此基础上，考虑永磁体磁通不随时间变化的特性，得到永磁同步电机 dq 坐标下的数学模型。但是在实际运行中，永磁同步电机会受到环境影响，导致电机的电阻和电感发生变化，同时，其数学模型比较复杂且属于非线性系统。因此，在建立 PMSM 数学模型时需要简化分析过程，将其中一些条件进行理想化处理，以更好地实现对系统的控制，对此做出如下假设：

（1）电机气隙磁场正弦分布；

（2）忽略电机内部的铁芯饱和；

（3）磁滞和涡流损耗忽略不计；

（4）不计电机转子阻尼绕组；

（5）电机的永磁材料电导率为零；

（6）绕组具有恒定的电阻值与电感。

永磁同步电机的数学模型如图 4-12 所示。

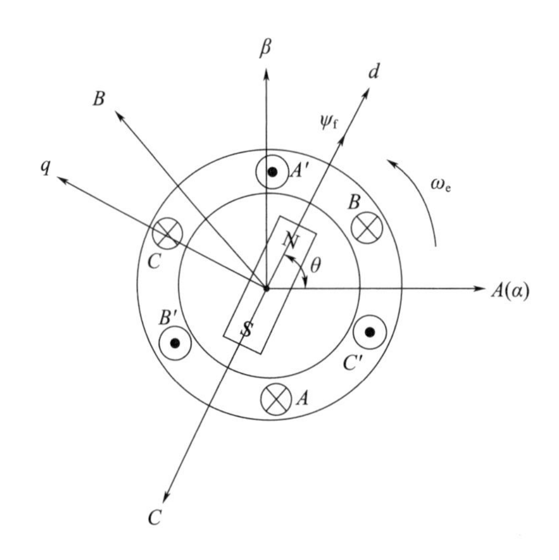

图 4-12　永磁同步电机数学模型

图中，AA'、BB'、CC'为定子三相绕组，空间上均匀对称分布，相位互差 120°；α 轴与 A 轴重合，β 轴超前 α 轴 90°，ψ_f 为电机转子的磁链；ω_e 为电机转子的电角速度；θ 为 ψ_f 与定子 A 轴之间的夹角；d 轴滞后 q 轴 90°，将 d 轴与转子磁链 ψ_f 重合构建 d-q 两相旋转坐标系，它随转子以电角速度 ω_e 旋转。

在永磁同步电机（PMSM）的运行过程中，其动态微分方程可以有多种形式。在 abc 静止坐标系下的表达式中，由于永磁同步电机转子的磁性和电性结构不对称，导致电机方程成为一组非线性方程，这些方程与转子瞬时位置相关，难以直接求解，从而使得永磁同步电机的动态特性分析变得复杂。矢量控制技术通过坐标变换，在保持磁场恒定的前提下，将时变系数转换为定常系数，从而简化了计算和分析过程。因此，坐标变换在永磁同步电机矢量控制分析中具有重要意义。

在三相静止坐标系下，其数学模型可以用简洁的方程式和图形来描述电机的运行状态，包括电流、磁通、转矩等。设转子磁链 ψ_f 的幅值恒定，电机的三相自感和互感为常值，列出定子电压平衡方程如式（4.7）所示：

$$\begin{bmatrix} u_A \\ u_B \\ u_C \end{bmatrix} = \begin{bmatrix} R & 0 & 0 \\ 0 & R & 0 \\ 0 & 0 & R \end{bmatrix} \begin{bmatrix} i_A \\ i_B \\ i_C \end{bmatrix} + \frac{\mathrm{d}}{\mathrm{d}t} \begin{bmatrix} \psi_A \\ \psi_B \\ \psi_C \end{bmatrix} \tag{4.7}$$

式中 u_A、u_B、u_C——定子三相电压；

i_A、i_B、i_C——定子三相电流；

ψ_A、ψ_B、ψ_C——定子三相磁链；

R——定子相电阻。

其中，三相定子磁链瞬时值的具体表达式为式（4.8）。

$$\begin{bmatrix} \psi_A \\ \psi_B \\ \psi_C \end{bmatrix} = \begin{bmatrix} L & M & M \\ M & L & M \\ M & M & L \end{bmatrix} \begin{bmatrix} i_A \\ i_B \\ i_C \end{bmatrix} + \psi_f \begin{bmatrix} \cos\varphi \\ \cos(\varphi - 2\pi/3) \\ \cos(\varphi + 2\pi/3) \end{bmatrix} \tag{4.8}$$

1. 坐标变换

直流电机的数学模型要比三相交流电机的数学模型简单，因此，采用坐标变换可以在一定程度上降低永磁同步电机模型的复杂度，使其更易于理解和分析。具体来说，坐标变换可以实现以下几个目标：将三相静止坐标系下的三相电压等变量，通过 Clarke 变换转换为两相静止坐标系下的变量；将两相静止坐标系下的变量，通过 Park 变换转换为 dq 坐标系下的变量；将 dq 坐标系下的电机状态方程转换为直流电机的形式，方便控制。而当控制永磁同步电机时，可以通过坐标变换将 dq 坐标系下的控制指令转换为三相电压控制指令，从而控制电机的运行。Clarke 变换与 Park 变换的矢量转化图如图 4-13 所示。

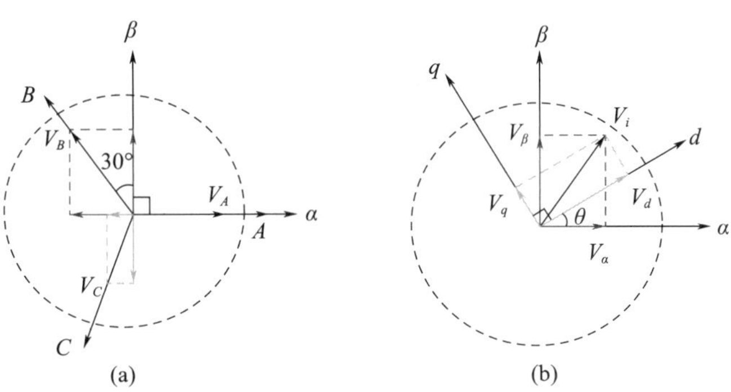

图 4-13 坐标变换简图

图 4-13 为坐标变换简图，图（a）中：任意时刻，ABC 坐标系下的向量 V_{ABC}，可以通过矢量分解，投影到 α-β 坐标系中，且二者的合成矢量相同。图（b）中：向量V_i经矢量分解后在α-β 坐标轴和d-q 坐标轴上的投影为$V_{\alpha\beta}$和 V_{dq}。永磁同步电机建模过程中的坐标系如下。

① 三相定子坐标系 A-B-C，以电机定子为基准建立，三轴相差 120°，输入相位互差 120°的三相交流电可产生旋转磁场；

② 两相定子坐标系 α-β，固定在电机定子上，其 α 轴方向与 ABC 坐标系的 A 轴方向相同，β 轴与 α 轴正交，输入相位差 90°的两相交流电可产生旋转磁场；

③ 两相转子坐标系 d-q，坐标系以转子为基准建立，d 轴与转子磁链ψ_f 轴向相重合，q 轴与 d 轴正交，通入直流电即可产生旋转磁场。

下面，以 PMSM 电压方程的坐标转换为例，U_A、U_B、U_C分别为 ABC 坐标轴上的方向电压，U_α、U_β为 α-β 坐标轴上的方向电压，U_d、U_q为 d-q 坐标轴上的方向电压。

Clarke 变换如式（4.9）所示：

$$\begin{bmatrix} U_\alpha \\ U_\beta \end{bmatrix} = \sqrt{\frac{2}{3}} \begin{bmatrix} 1 & -\frac{1}{2} & -\frac{1}{2} \\ 0 & \frac{\sqrt{3}}{2} & -\frac{\sqrt{3}}{2} \end{bmatrix} \begin{bmatrix} U_A \\ U_B \\ U_C \end{bmatrix} \tag{4.9}$$

Clarke 逆变换如式（4.10）所示：

$$\begin{bmatrix} U_A \\ U_B \\ U_C \end{bmatrix} = \sqrt{\frac{2}{3}} \begin{bmatrix} 1 & 0 \\ -\frac{1}{2} & \frac{\sqrt{3}}{2} \\ -\frac{1}{2} & -\frac{\sqrt{3}}{2} \end{bmatrix} \begin{bmatrix} U_\alpha \\ U_\beta \end{bmatrix} \tag{4.10}$$

Park 变换如式（4.11）：

$$\begin{bmatrix} U_d \\ U_q \end{bmatrix} = \begin{bmatrix} \cos\theta & \sin\theta \\ -\sin\theta & \cos\theta \end{bmatrix} \begin{bmatrix} U_\alpha \\ U_\beta \end{bmatrix} \tag{4.11}$$

Park 逆变换如式（4.12）：

$$\begin{bmatrix} U_\alpha \\ U_\beta \end{bmatrix} = \begin{bmatrix} \cos\theta & -\sin\theta \\ \sin\theta & \cos\theta \end{bmatrix} \begin{bmatrix} U_d \\ U_q \end{bmatrix} \tag{4.12}$$

根据上述坐标变换及矩阵运算，最终可整合得到电压U从ABC坐标轴到d-q坐标轴的变换公式，见式（4.13）。

$$\begin{bmatrix} U_A \\ U_B \\ U_C \end{bmatrix}=\sqrt{\frac{2}{3}}\begin{bmatrix} \cos\theta & -\sin\theta \\ \cos\left(\theta-\frac{2\pi}{3}\right) & -\sin\left(\theta-\frac{2\pi}{3}\right) \\ \cos\left(\theta+\frac{2\pi}{3}\right) & -\sin\left(\theta+\frac{2\pi}{3}\right) \end{bmatrix}\begin{bmatrix} U_d \\ U_q \end{bmatrix} \tag{4.13}$$

2. PMSM数学模型

考虑负载的影响，则PMSM的d-q坐标系下的电压、磁链、电磁转矩及机械运动方程分别如下。

（1）电压方程

$$\begin{aligned} u_d&=Ri_d+\frac{\mathrm{d}\psi_d}{\mathrm{d}t}-\omega_e\psi_q \\ u_q&=Ri_q+\frac{\mathrm{d}\psi_q}{\mathrm{d}t}+\omega_e\psi_d \end{aligned} \tag{4.14}$$

式中　u_d、u_q——分别为d轴、q轴电压分量；

i_d、i_q——分别为d轴、q轴电流分量；

ψ_d、ψ_q——分别为d轴、q轴磁链分量。

（2）磁链方程

$$\begin{aligned} \psi_d&=L_di_d+\psi_{\mathrm{f}} \\ \psi_q&=L_qi_q \end{aligned} \tag{4.15}$$

式中　L_d——d轴电感；

L_q——q轴电感。

（3）电磁转矩方程

$$T_e=p_n(\psi_di_q-\psi_qi_d)=p_n[\psi_fi_q+(L_d-L_q)i_di_q] \tag{4.16}$$

式中　T_e——永磁同步电机的电磁转矩；

p_n——电机的定子绕组极对数。

（4）机械运动方程

$$T_e=T_L+B\omega+J\frac{\mathrm{d}\omega}{\mathrm{d}t} \tag{4.17}$$

进一步得到

$$i_q = \left(T_L + \omega + J\frac{\mathrm{d}\omega}{\mathrm{d}t}\right) / p_n \psi_f \tag{4.18}$$

式中　T_L——电机的负载转矩；

ω——电机的机械角速度，$\omega = \omega_e / p_n$；

J——电机的转动惯量；

B——摩擦系数。

通过上述永磁同步电机的理论分析及公式推导不难发现，对于电动机的速度 ω 控制实质上是对电磁转矩T_e进行控制，而T_e的幅值取决于 q 轴电流i_q。因此，通过调节i_q的大小可以对电机转速进行调整，可采用合理的矢量控制技术来实现对励磁电流i_q的控制。

4.2.3　控制策略及实现

驱动系统的任务是完成平台横移系统、升降系统以及支脚控制任务。其中，四套永磁同步电机分别完成平台升降、横向移动控制，两套舵机完成支脚转向控制。下面，分别对永磁同步电机和舵机控制方法进行介绍。

1. 永磁同步电机矢量控制

矢量控制是一种高级的控制技术，它可以看作是一种基于电机转子坐标系的控制技术，将永磁同步电机的控制问题转化为直流电机的控制问题。具体来说，矢量控制可以分为两个步骤。

① 坐标变换：将永磁同步电机的三相交流电压和电流变换到 dq 旋转坐标系下，在 dq 坐标系下，直流分量和交流分量可以被独立地控制。

② 矢量控制：通过控制电流和电压的大小和相位来实现控制，这种控制方法被称为矢量控制，是基于旋转坐标系的向量控制。

根据用途不同，PMSM 可采用的电流矢量控制方法可分为$i_d = 0$ 控制、功率因数 $\cos\varphi = 1$ 控制、恒磁链控制、最大转矩/电流控制、弱磁控制、最大输出功率控制等。由于$i_d = 0$ 控制原理简单，可实现解耦控制，并且在表面安装式 PMSM 中，$L_d = L_q$，转子磁链对称，磁阻转矩为零，$i_d = 0$ 控制也就是最大转矩/电流控制，因此，在 PMSM 的矢量控制中应用最为普遍。

采用电流参考指令与反馈值的差值作为解耦控制输入变量，也可使$i_d = 0$。根据假设条件，定子电流为三相对称正弦波，即

$$
\begin{aligned}
i_a &= \sqrt{\frac{2}{3}} I\sin\theta_t \\
i_b &= \sqrt{\frac{2}{3}} I\sin\left(\theta_t - \frac{2\pi}{3}\right) \\
i_c &= \sqrt{\frac{2}{3}} I\sin\left(\theta_t + \frac{2\pi}{3}\right)
\end{aligned} \tag{4.19}
$$

假定 A 相定子电流相位 θ_t 与 d 轴和 A 相定子绕组轴线的夹角 θ 之间的关系为：

$$
\theta_t = \theta + \varphi \tag{4.20}
$$

其中，φ 表示 A 相定子绕组轴线和 d 轴方向一致时 A 相定子电流的初始相位。将式（4.19）、式（4.20）代入 dq 坐标系与 abc 静止坐标系变换公式，可得：

$$
\begin{aligned}
i_d &= I\sin\varphi \\
i_q &= -I\cos\varphi
\end{aligned} \tag{4.21}
$$

由于 φ 是由 d 轴与 q 轴电流瞬时值确定的定子电流矢量的初始相位角，如果通过磁场定向控制，确定定子电流矢量的初始相位角为 180°，使转子磁极轴线和所定义的 d 轴重合，则由式（4.21）可知，$i_d=0$。当采用电压型逆变器时，可将电流指令 i_d^*、i_q^* 与反馈电流信号 i_d、i_q 比较，其差值经电流调节器 K 作用可得 dq 坐标系下的定子电压 u_d、u_q，即

$$
\begin{aligned}
u_d &= K(i_d^* - i_d) \\
u_q &= K(i_q^* - i_q)
\end{aligned} \tag{4.22}
$$

将式（4.22）代入电压方程（4.14）中，整理可得

$$
\begin{aligned}
i_d\left(R + L\frac{d}{dt} + K\right) &= K i_d^* + \omega L i_q \\
i_q\left(R + L\frac{d}{dt} + K\right) &= K i_q^* - \omega L i_d - \omega \psi_j
\end{aligned} \tag{4.23}
$$

当位置检测器检测到转子磁场方向与 A 相定子绕组轴线一致时，定子电流指令相位 $\varphi=180°$，则 $i_d \approx 0$。从控制角度来看，由于 PMSM 系统的电流响应比速度响应快得多，在 i_d 调节过程中可认为 ω 保持不变。那么，适当选取电流调节器，使其有相当的增益，并始终保持电流指令 $i_d^*=0$，就可使相位 $\varphi=180°$，即得到 $i_d \approx i_d^*=0$，$i_q \approx i_q^*$，从而获得三相 PMSM 的 $i_d=0$ 控制，并使其在最大转矩下运行。

从以上分析可以看出，电流反馈解耦控制实际上是一种近似的解耦控制方法，得到的是近似的线性化的解耦模型，并非完全解耦。虽然如此，但在实际应用中却十分有效。该方法可以使 PMSM 在动、静态均能得到近似的解耦控制，可获得快速、高精度的转矩控制。其控制电路原理简单，易于实现，是目前绝大多数 PMSM 矢量控制所采用的控制方案，三相 PMSM 的$i_d=0$控制方法的原理框图如图 4-14 所示。

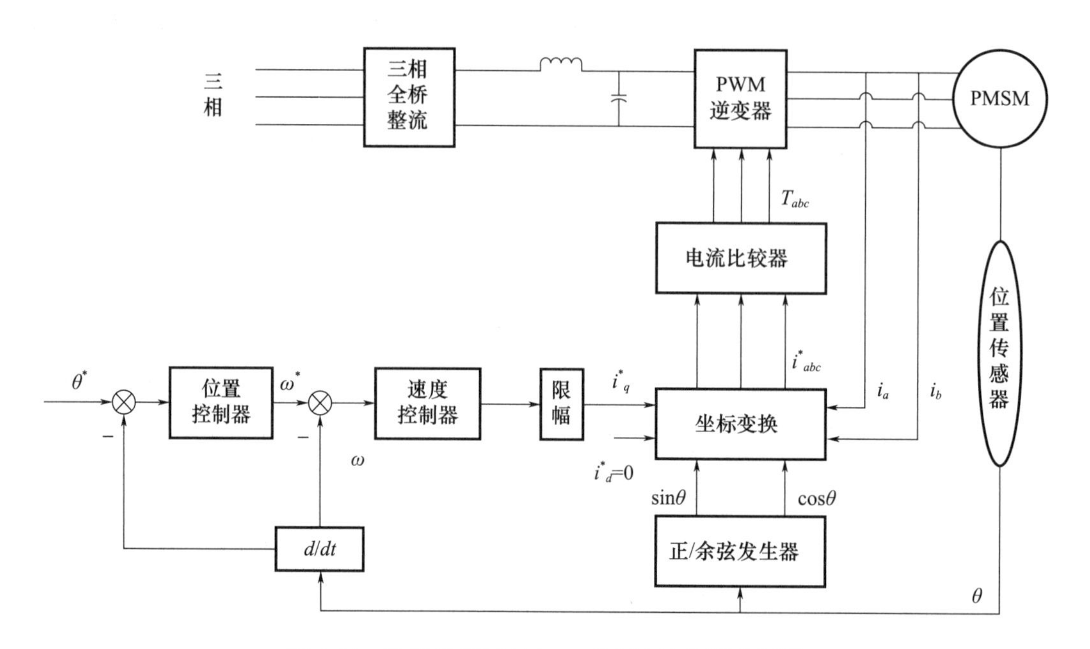

图 4-14　三相 PMSM 的$i_d=0$控制方法的原理框图

控制原理采用位置、速度、电流三环控制结构。位置环为外环，控制位置与给定值一致，实现精确控制；速度环为中环，消除负载转矩扰动等因素对电机转速的影响；电流环为内环，控制逆变器在电机定子绕组上产生准确的电流。

控制过程可简单描述为：通过传感器检测出位置信息，与给定位置相比较，由位置调节器计算得到电机转速的参考信号 ω^*，与测量获得的电机转子速度 ω 相比较，由速度调节器计算得到定子电流的参考信号i_q^*，通过电流控制器获得 d-q 轴电压值。

2. 舵机矢量控制

(1) 基本控制原理

本系统通过舵机来实现支柱支脚的转向控制，原理同永磁同步电机矢量控制，采用 PWM 对舵机角度进行控制。进行角度控制时，PWM 信号用于控制舵机从一个角度转向另一个角度。此系统支脚的旋转角度为 90°，因此需要舵机从 0°转到 90°，通过调整 PWM 信号的脉宽来实现。除了角度控制之外，PWM 还用来控制舵机的转速，通过改变 PWM 信号的脉宽，可以在不同时间内提供不同的转动速度。

为了防止舵机在转动后回到原始位置，利用 PWM 信号持续时间和重复频率来确保舵机停留在特定的位置。此外，使用 PWM 控制舵机时，此系统应考虑避免“死区”，即在高电平期间舵机无法转动的情况，通过适当的 PWM 信号配置和高电平时间的设置可避免。

（2）舵机输出约束反演控制

舵机伺服系统对控制精度要求苛刻，然而，PMSM 本身具有多变量、非线性、强耦合的特点。实际控制系统中，为保证系统的安全性，通常需要对系统输出值的上下界做出严格限制，或要求系统超调量在一定范围内。超调量过大往往意味着系统处于不理想的运行状态，某些情况下会对系统本身产生不可预知的影响。舵机系统的高精度控制需求对控制策略提出挑战。

反演控制以其独特的构造性设计优势和对非匹配不确定性的处理能力，在伺服系统、电力系统、混沌系统等控制设计中得到广泛应用。然而，常规反演控制无法处理输出约束问题。对 PMSM 驱动的电动舵机伺服系统中存在的高阶非线性、参数时变及未建模动态特性，采用基于障碍 Lyapunov 函数的反演控制策略，设计障碍函数作为控制 Lyapunov 函数实现对跟踪误差上界的约束，并在控制 Lyapunov 函数设计中引入积分项消除未建模动态引起的稳态误差，在控制过程中使位置跟踪误差始终保持在约束区间内，实现电动舵机伺服系统的高精度控制。

电动舵机伺服系统的目的是实现对给定位置指令的准确跟踪，为提高系统可靠性、降低故障率，通常采用余度结构，在结构设计中采用位置控制器、两套 PMSM 电机及驱动器并行工作的方式，通过差动周转轮系实现驱动轴机械运动的合成，输出低转速、高扭矩的动力，作用到传动链实现收放。简单起见，仅考虑正常工况，假设两套电机参数相同，则转速相同时不存在力纷争问题。

假设磁路不饱和，不计磁滞和涡流损耗影响，气隙磁场呈正弦分布，定子为三相对称绕组，转子无阻尼绕组。表贴式 PMSM 的数学模型为：

$$\begin{aligned}
&\frac{\mathrm{d}\theta}{\mathrm{d}t}=\omega \\
&\frac{\mathrm{d}\omega}{\mathrm{d}t}=\frac{3p\varphi_{\mathrm{f}}}{2J}i_q-\frac{B}{J}\omega-\frac{T_L}{J} \\
&\frac{\mathrm{d}i_q}{\mathrm{d}t}=-\frac{R}{L}i_q-p\omega i_d-\frac{p\varphi_{\mathrm{f}}}{L}\omega+\frac{u_q}{L} \\
&\frac{\mathrm{d}i_d}{\mathrm{d}t}=-\frac{R}{L}i_d+p\omega i_q+\frac{u_d}{L}
\end{aligned} \tag{4.24}$$

式中　θ——转子机械角位移；

ω——转子机械角速度；

p——磁极对数；

φ_{f}——转子永磁体在定子上的耦合磁链；

J——折算到电机轴上的等效转动惯量；

i_d、i_q——定子电流矢量的 d、q 轴分量；

B——粘性摩擦系数；

T_L——负载转矩；

R——绕组电阻；

L——绕组电感；

u_q、u_d——定子电压矢量的 d、q 轴分量。

不考虑传动链的间隙与弹性变形，转子机械角位移 θ 与舵面转角 φ 的关系为：

$$\theta=k_\varphi\varphi \tag{4.25}$$

式中　k_φ——传动链的减速比。

T_L由摩擦力矩、惯性力矩及铰链力矩叠加折算而成。简单起见，可认为小位移范围内T_L与 φ 呈线性关系，即满足弹性负载性质：

$$T_L=T_0+k_\theta\varphi \tag{4.26}$$

式中　k_θ——线性比例系数。

取状态变量$[x_i]=[\varphi,\omega,i_q,i_d]$，联立（4.24）～(4.26)，可得电动舵机伺服动作系统的数学模型为：

$$
\begin{aligned}
\dot{x}_1 &= x_2/k_\varphi \\
\dot{x}_2 &= -\frac{k_\theta}{J}x_1 - \frac{B}{J}x_2 + \frac{3p\varphi_f}{2J}x_3 - \frac{T_0}{J} \\
\dot{x}_3 &= -\frac{p\varphi_f}{L}x_2 - \frac{R}{L}x_3 - p x_2 x_4 + \frac{1}{L}u_q \\
\dot{x}_4 &= p x_2 x_3 - R x_4/L + u_d/L \\
y &= x_1
\end{aligned}
\tag{4.27}
$$

控制目标：对式（4.27）所示的电动舵机伺服系统，设计控制器实现对期望转角信号$\varphi^*(t)$的精确跟踪，要求动态跟踪误差$z_1=x_1-\varphi^*$有界且保持在区间$\Omega_{z_i}=\{-k_b<z_1(t)<k_b\}\ \forall t>0$内，系统输出 y 保持在$\Omega_y=\{-k_c<y(t)<k_c\}\ \forall t>0$内，$k_b$、$k_c$为设定正常数。

假设 4.1：$\varphi^*(t)$连续，前 3 阶导数一致连续且有界；

假设 4.2：初始舵面位置误差$z_1(0)\in(-k_b,k_b)$，$\varphi^*(t)$在集合$\Omega_{\varphi^*}=\{\varphi^*(t)\in R:|\varphi^*|<k_c-k_b\}\ \forall t\geqslant 0$内；

假设 4.3：模型中状态变量x_i皆可测。

反演控制将 Lyapunov 函数的选取与控制器设计相结合，将非线性系统分解成若干不超过系统阶数的子系统，然后为每个子系统设计 CLF 和虚拟控制量，逐层修正算法来设计镇定控制器，最终完成控制律的设计，实现全局调节和跟踪。在虚拟控制中引入误差的积分项，利用积分作用消除稳态误差，与常规反演控制不同之处在于选取 BLF 而非二次型作为 Lyapunov 函数。具体设计步骤如下。

步骤 1：设φ^*为期望转角，设舵面转角容许误差范围为$(-k_b,k_b)$，定义跟踪误差为：$z_1=x_1-\varphi^*, z_2=x_2-\omega^*, z_3=x_3-i_q^*, z_4=x_4-i_d^*$，$\omega^*$、$i_q^*$、$i_d^*$为虚拟控制量。引入输出误差的积分，记为下式。

$$
z_0(t)=\int_0^t[x_1(t)-\varphi^*(t)]\mathrm{d}t=\int_0^t z_1(t)\mathrm{d}t \tag{4.28}
$$

对式（4.28）求导，有：

$$
\dot{z}_0(t)=z_1(t) \tag{4.29}
$$

对z_1求导，可得：

$$
\dot{z}_1=(x_2/k_\varphi)-\dot{\varphi}^* \tag{4.30}
$$

选取 Lyapunov 函数：

$$V_1=\frac{\lambda}{2}z_0^2+\frac{1}{2}\log\frac{k_b^2}{k_b^2-z_1^2} \tag{4.31}$$

取x_2的虚拟控制量 ω^* 为：

$$\omega^*=k_\varphi[-(k_b^2-z_1^2)k_1(z_1+\lambda z_0)z_1+\dot{\varphi}^*] \tag{4.32}$$

式中，$k_1>0$ 为待设计的参数，对式（4.31）求导，得：

$$\dot{V}_1=\lambda z_1 z_0+\frac{z_1\dot{z}_1}{k_b^2-z_1^2}=-k_1 z_1^2+\frac{1}{k_\varphi}\frac{z_1 z_2}{k_b^2-z_1^2} \tag{4.33}$$

式（4.33）中存在耦合项，留待下一步处理。

步骤 2：由于x_2并非受约束项，可选择二次型 Lyapunov 函数作为候选函数：

$$V_2=V_1+z_2^2/2 \tag{4.34}$$

设置虚拟控制量i_q^* 为：

$$i_q^*=\frac{2J}{3p\varphi_\mathrm{f}}\left(-k_2 z_2-\frac{1}{k_\varphi}\frac{z_1}{k_b^2-z_1^2}+\frac{k_\theta}{J}x_1+\frac{B}{J}x_2+\frac{T_0}{J}+\dot{\omega}^*\right) \tag{4.35}$$

式（4.35）中取$k_2>0$，对式（4.34）求导得：

$$\dot{V}_2=-k_1 z_1^2+\frac{1}{k_\varphi}\frac{z_1 z_2}{k_b^2+z_1^2}+z_2(\dot{x}_2-\dot{\omega}^*)=-k_1 z_1^2-k_2 z_2^2+\frac{3p\varphi_f}{2J}z_2 z_3 \tag{4.36}$$

步骤 3：选择二次型 Lyapunov 函数为：

$$V_3=V_2+z_3^2/2 \tag{4.37}$$

对式（4.37）求导得：

$$\dot{V}_3=-k_1 z_1^2-k_2 z_2^2+\frac{3p\varphi_\mathrm{f}}{2J}z_2 z_3+z_3\left(-\frac{p\varphi_\mathrm{f}}{L}x_2-\frac{R}{L}x_3-p x_2 x_4+\frac{1}{L}u_q-i_q^*\right) \tag{4.38}$$

选取实际u_q如下式：

$$u_q=L\left(-k_3 z_3-\frac{3p\varphi_\mathrm{f}}{2J}z_2+\frac{p\varphi_\mathrm{f}}{L}x_2+\frac{R}{L}x_3+p x_2 x_4+i_q^*\right) \tag{4.39}$$

式（4.39）中$k_3>0$，则式（4.38）可化简为：

$$\dot{V}_3=-k_1z_1^2-k_2z_2^2-k_3z_3^2 \tag{4.40}$$

步骤 4：为实现电流和速度的解耦，使转矩不受磁通电流的影响，需采用$i_d^*=0$ 的控制策略。选择二次型 Lyapunov 函数为：

$$V_4=V_3+\frac{1}{2}z_4^2 \tag{4.41}$$

对式（4.41）求导，得：

$$\dot{V}_4=-k_1z_1^2-k_2z_2^2-k_3z_3^2+z_4\left(p\,x_2x_3-\frac{R}{L}x_4+\frac{1}{L}u_d\right) \tag{4.42}$$

选取实际u_d如下式：

$$u_d=L(-k_4z_4-p\,x_2x_3+R\,x_4/L) \tag{4.43}$$

式（4.43）中，$k_4>0$，至此完成控制律设计。

下面，对闭环系统进行稳定性分析。

对式（4.27）所示电动舵机伺服作动系统，采用式（4.32）、（4.35）所示虚拟控制量，式（4.39）、（4.43）所示反馈控制律，假设 4.1～4.3 成立，则以下结论成立：

① 误差信号$z_i(t)$保持在紧集Ω_z内。

$$\begin{gathered}\Omega_z=\{\bar{z}_4\in R^n:|z_1|\leqslant D_{z_1},\|z_{2:4}\|\leqslant\sqrt{2V_4(0)}\}\\ D_{z_1}=k_b\sqrt{1-\mathrm{e}^{-2V_4(0)}}\end{gathered} \tag{4.44}$$

② 输出 $y(t)$保持在紧集 Ω_y 内，且严格有界。

$$\Omega_y=\{y\in R:|y|\leqslant D_{z_1}+\varphi_{\max}^*<k_b+\varphi_{\max}^*\}\ \forall t\geqslant 0 \tag{4.45}$$

式（4.45）中，$\varphi_{\max}^*$表示$\varphi^*(t)$某时刻取得的最大值。

③ 所有闭环信号皆有界。

④ 系统输出误差$z_1(t)$渐近收敛到零，当 $t\to\infty,y(t)\to\varphi^*(t)$。

证明：

①将式（4.43）代入式（4.42），得

$$\dot{V}_4=-k_1z_1^2-k_2z_2^2-k_3z_3^2-k_4z_4^2 \tag{4.46}$$

取$k_i<0(i=1,\cdots,4)$，可知$\dot{V}_4\leqslant 0$，由此可知$V_4\leqslant V_4(0)$，若$z_1(0)\in(-k_b,k_b)$，$z_1\in(-k_b,k_b)\ \forall t\in[0,\infty)$。由式（4.31）及式（4.46）可知：

$$\frac{1}{2}\log\frac{k_b^2}{k_b^2-z_1^2(t)}\leqslant V_1(t)\leqslant V_4(t)\leqslant V_4(0) \tag{4.47}$$

对式（4.47）取指数并运算得$k_b^2\leqslant e^{2V(0)}[k_b^2-z_1^2(t)]$，由此可知$|z_1(t)|\leqslant k_b\sqrt{1-e^{-2V_4(0)}}$，类似可推得$\|z_{2:4}(t)\|\leqslant\sqrt{2V_4(0)}$，可知$z_i(t)$保持在紧集$\Omega_z$内；

② $z_1\in(-k_b,k_b)\ \forall t\in[0,\infty),x_1(t)=z_1(t)+\varphi^*$，即$\varphi\in(\varphi^*-k_b,\varphi^*+k_b)\ \forall t\in[0,\infty)$，有$|y|\leqslant D_{z_1}+\varphi_{\max}^*$，即$y(t)$保持在紧集$\Omega_y$内；

③ 由$z_1(t)$有界结合$\varphi^{*2}+\dot{\varphi}^{*2}+\ddot{\varphi}^{*2}+\dddot{\varphi}^{*2}\leqslant x_1$，由式（4.32）可知虚拟控制量$\omega^*$有界，依此类推可知$z_i(t)$有界，结合设计过程可知控制律$U_q$、$U_d$亦有界，由此可得系统闭环信号皆有界；

④ 由$z_i(t)$有界，可计算出$\dot{z}_i(t)$亦有界，对式（4.46）求导可知$\ddot{V}$有界，$\dot{V}$为一致连续，由 Barbalat 引理可知，当$t\to\infty$时，$\dot{V}\to 0$，即$z_i(t)\to 0$，可实现对位置的精确跟踪控制。

3. 控制策略优化

电机在启停阶段，速度存在阶跃变化的情况，会对电机造成两个问题。其一，电机速度突变对电机本体的影响；其二，启停时刻会因为惯性而产生很大的力从而导致电流过载。为了防止上述现象的发生，采用加减速度控制算法规划电机速度。

S 型速度曲线（S-Curve）是一种常用的加速度曲线，常用于机器人、运动控制和机械系统中，以实现平滑的加速和减速过程。S 型速度曲线的特点是起始和结束阶段的加速度较小，而在中间阶段则具有较大的加速度。这有助于减小运动开始和结束时的冲击和震动，使得运动更加平滑、稳定，并减少机械系统的应力和损耗。鉴于上述特点，电机可采用 S 型速度曲线控制策略。

S 型速度曲线可以通过控制加速度的变化率来实现。在加速和减速阶段，加速度逐渐增大或减小，以达到平滑的过渡效果，可以通过数学函数或控制算法来实现。使用 S 型速度曲线进行运动控制时，需要根据具体应用要求和系统的动力学特性进行参数调整，包括起始和目标速度、加速度的最大值、加速度的变化率等。

传统 S 型速度曲线分七个阶段，如图 4-15 所示，$0\sim t_1$阶段加速度较小且缓慢增加，避免了因启动过快而产生振动和噪声；$t_1\sim t_2$阶段达到最大加速度并保持恒定；$t_2\sim t_3$阶段加速度逐渐减小，达到最大速度；$t_3\sim t_4$阶段加速度为 0，保持最大速度匀速转动；t_4～t_7 与加速阶段的相反，直至速度降为 0。

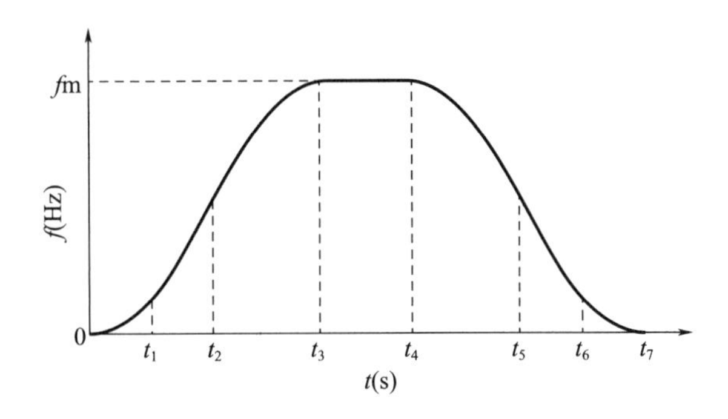

图 4-15　S 形加减速曲线

在速度控制中常用符号函数来实现 S 型速度曲线，但由于符号函数具有离散性，控制中不可避免抖动现象，为了降低电机驱动时的抖动，决定采用饱和函数替代符号函数来实现 S 形曲线控制。logistic 函数是一种常用的饱和函数，因其易于求导且呈光滑 S 形，与速度曲线轨迹相吻合，既能降低系统运算复杂度，又能提高平滑性和灵敏性。logistic 函数构建速度曲线如图 4-16 所示，函数图形与 S 型速度曲线轨迹相吻合，可以通过调节 a 值来调节到达给定速度时间，其表达式为：

$$f(x)=1/(1+\mathrm{e}^{-ax}) \tag{4.48}$$

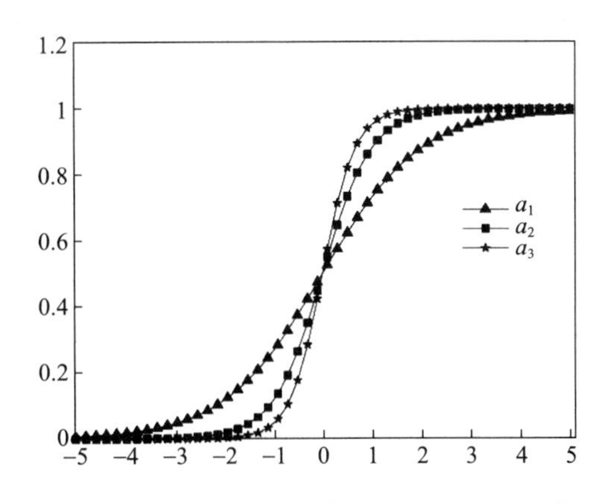

图 4-16　具有不同倾斜参数 a 的 logistic 函数

其中，a 为倾斜参数，匀加速阶段斜率随 a 值增大而增大，为了能够对速度进行控制，还需要对函数进行离散化，选择等间距采样的原理，把函数曲线离散为间距极小的台阶，离散化后各台阶对应的线速度为：

$$v_i=v_p/(1+\mathrm{e}^{-ax_i}) \tag{4.49}$$

式中　v_i——各台阶对应的线速度；

x_i——各台阶对应的时间值；

v_p——给定速度。

因此，可以实现速度的实时跟随，并能在保证运行平稳的基础上，抑制抖动现象，满足驱动平稳的要求。

跨越架搭设智能移动系统在电机启停过程中利用S形速度曲线控制策略来控制驱动系统的运行，平台电机启动和停止时，使用S型速度曲线控制策略实现加速和减速过程的平滑，同时，通过控制加速度的变化率，可以避免电机启动和停止时的冲击和震动，保护系统和设备不受损坏，并有效减少系统能量消耗和机械损耗。

4. 控制策略的实现

本设计所涉及的控制算法较为复杂，采用基本PLC编程实现相对困难，所以在算法实现方面，在基本PLC程序基础上，把难以实现的部分转移至MATLAB/Simulink中实现。利用PC机来实现复杂的算法，再将获得的结果传递给PLC，由PLC实现相应的控制操作。此种方式的好处在于既能引入先进的控制算法，同时也能方便地实现控制要求。利用安装在PC上的MATLAB/Simulink实现控制算法，PC机与PLC进行通信，将参数整定后的结果传送至PLC，再由PLC控制电机启停以及伺服驱动器动作。

4.3　同步系统设计

4.3.1　系统功能介绍

跨越架搭设智能移动作业系统采用模块化设计方法，横移系统和升降系统分别由四套电机进行控制，由永磁同步电机提供动力输出使载人平台根据作业要求做升降、横移运动。然而，若多电机工作不同步会导致载人平台发生倾斜，进而引发安全问题。

同步控制系统是平台安全运行的重要保障，安全运行主要是平台在工作过程中同时驱动多台电机平衡升降，要求平台各电机能够同步运行，同时，严格保持升降过程中平台水平，否则倾斜严重时将会对作业人员带来极大的危险。同步系统能够实现跨越架搭设智能移动系统运行过程中多电机同步控制，控制多台电机同步动作，保持速度同步和位置同步，保障平台升降、横移运动过程中的稳定、安全（见图 4-17）。

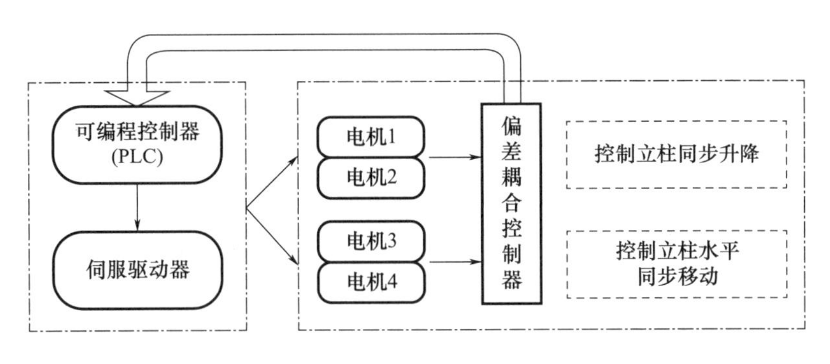

图 4-17　同步系统结构

本平台横移、升降电机同步系统具有强耦合性特点。因为横移系统两台电机、升降系统两台电机同步控制的工作环境存在很大不确定性，电机在正常运行时可能会出现一些不确定情况，如振动、滑动、两侧负载不同等扰动，影响电机正常运行速度，使受到外部扰动的电机运行速度、运行位置与其他运行正常电机产生相对误差。该误差一方面会对载人平台等机械结构进行拉扯，对系统造成不可逆伤害，另一方面会导致平台发生倾斜。因此，电机同步控制系统中电机之间存在较强的耦合性。

4.3.2　多电机同步控制策略及实现

由 4.2 节内容可知，智能移动平台的升降、横移分别由两套电机驱动，为了保证平台移动过程的平稳性，防止平台发生倾斜，多台电机需同步动作，不但需要保持速度同步，更要保持位置同步，而且允许出现的位置偏差不能过大，以免损坏系统。

1. 多电机同步技术

多电机同步控制系统是强耦合的复杂系统，需要设计合适的同步控制结构，为了使多台电机之间能够同步且平稳地运行，以及当电机受到外部干扰时能够快速调节转速。通常通过单台电机自身的跟踪误差和多台电机之间的同步误差来体现同步控制的效果。跟踪误差具体指的是电机实际转速与目标转速之间的偏差，直接反映了控制器的控制能力；而同步误差指的是电机与电机之间同一时刻下转速的偏差，反映了多电机系统在设定转速改变或受到干扰时的协调能力及抗干扰能力。多电机速度同步控制策略有很多种，目前广泛应用的主要有主令并行同步控制策略、主从同步控制策略、交叉耦合同步控制策略和偏差耦合同步控制策略。

1）主令并行同步控制策略

主令并行同步控制是结构最简单、最容易实现的一种同步控制方式。该同步控制方式中每个电机子单元相互独立，各子单元之间没有耦合同步环，仅由主控制器发送指令给每个子单元独立执行，其运行状态由各自指令决定，这些指令可以完全相同，使得各电机子单元状态完全相同，也可以按某种规律或函数关系运行，例如不同电机指令成比例、等差关系。该同步控制策略结构如图 4-18 所示。

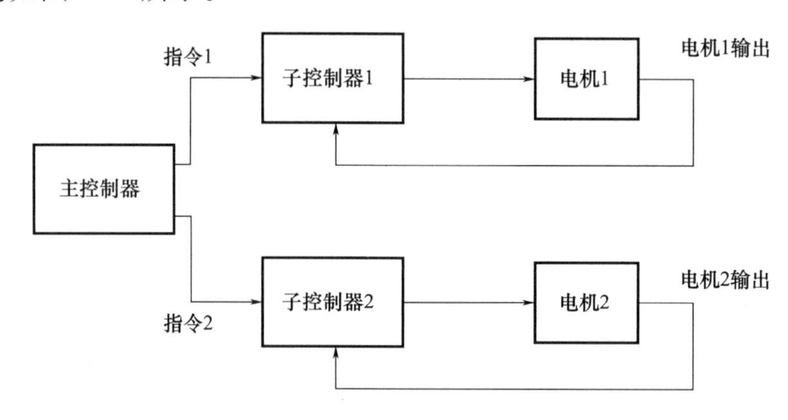

图 4-18　主令并行同步控制结构图

主令并行同步控制只针对消除设定值与电机实际输出的误差，并不关心电机子单元之间的同步误差，对于每个子单元来说是控制闭环的，但是对于整个系统来说则是开环控制。电机子单元仅依赖自身精确执行来实现多电机同步，一旦某子单元受到来自外界的干扰，该子单元的状态并不能影响其他子单元，以至于系统整体同步状态发生变化，性能下降。这种策略简单而且容易实现，在机床中常有应用，加上额外的同步执行机构，在一些对同步要求不高的场合也可以使用。由于不能消除同步误差、实现速度与位置同步，在双电机升降平台场景中同步效果很差。

2）主从同步控制策略

主从同步控制相比主令并行同步控制稍有改进。该同步控制方式各子单元之间并不完全独立，而是以某一子单元作为主电机单元，控制指令直接传给主电机，主电机在指令的控制下运行，运行的输出或者执行信息将作为下一台从电机的控制指令，从电机运行的输出或执行信息又将作为下一台从电机的控制指令，以这种方式将多台电机级联起来，从电机跟随上一电机执行，从而形成主从同步控制结构。该同步控制策略结构如图 4-19 所示。

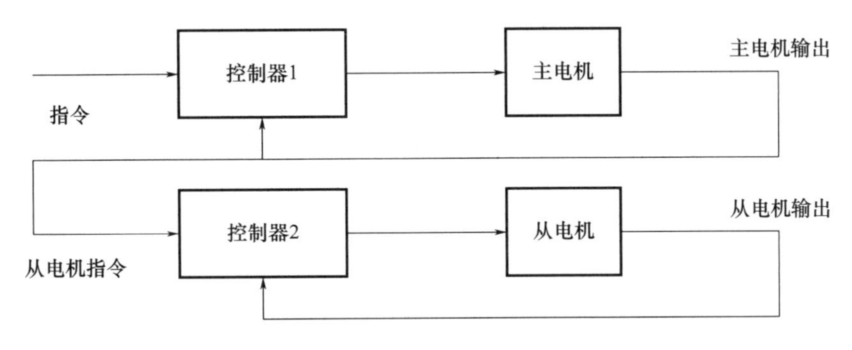

图 4-19　主从同步控制结构图

主从同步控制通过正向传递指令的方式实现同步，每一台从电机都会被该电机之前的电机所影响，相比主令并行同步控制，这种控制方式存在一定的信息传递，使得多电机系统的整体同步性能有一些改善，但是信息的单向传递也有一定缺陷：①指令只发送给主电机，而从电机接收来自上一电机的输出信息，导致指令的传递有一定的滞后，级数越多滞后情况越明显；②指令的正向传递使得下游电机单元能被上游子单元所影响，但是下游电机单元运行所受的影响却不能传递到上游电机单元，同步性能受到限制。这种同步控制策略结构较为简单，也比较容易实现。双电机升降平台对同步的实时性有一定要求，且不适合区分主从电机，这种控制策略同步效果很差。

3）交叉耦合同步控制策略

以上所提的两种同步控制策略虽然简单、容易实现，但是电机子单元之间没有信息耦合，控制只针对跟随误差，却不能消除同步误差，只能用于一些对同步误差要求不高的场合。针对双电机同步控制的交叉耦合同步控制策略在 1980 年被率先提出，该同步控制策略中的两个电机子单元并非独立运行，而是添加了一个耦合同步环，实现相邻电机的信息耦合。该同步控制结构如图 4-20 所示。

这种同步控制方式没有从电机与主电机之分，而是各自接收独立指令，各自电机子单元的输出作为本单元的反馈形成一个闭环，而相邻的电机子单元的输出传递给耦合同步控制器，由耦合同步控制器计算各自的反馈补偿信号，从而形成不同子电机单元之间的耦合同步闭环，能较好地同步控制精度。升降平台的实际控制中多采用这种方式实现位置同步，但是调节时间较长，容易积累较大的位置同步误差。

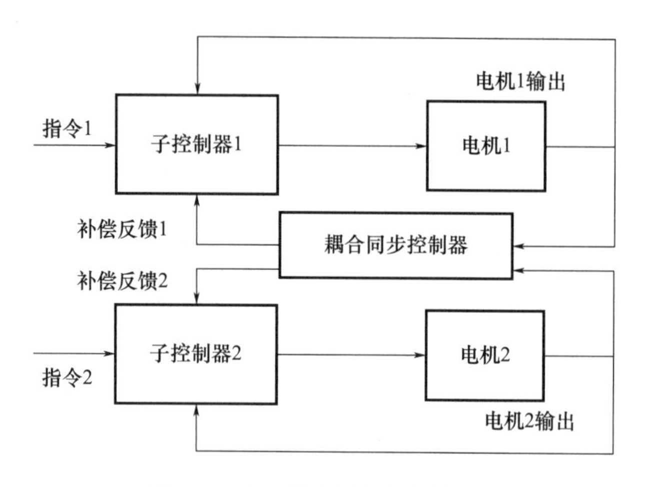

图 4-20　交叉耦合同步控制结构图

4）偏差耦合同步控制策略

在双电机同步控制场合，交叉耦合同步控制结构简单、容易实现，而且同步效果较好，但是在多电机同步控制场合，由于不相邻电机子单元没有直接的耦合同步，导致多电机同步控制性能差强人意。为了进一步解决多电机同步控制问题，出现了偏差耦合同步控制。这种同步控制的结构在双电机场合与交叉耦合控制相同，在多电机场合不再使用相邻耦合的方式，而是将多个子电机单元的输出传递给偏差耦合控制器，由偏差耦合控制器计算出各电机子单元的偏差补偿。该同步控制结构如图 4-21 所示。

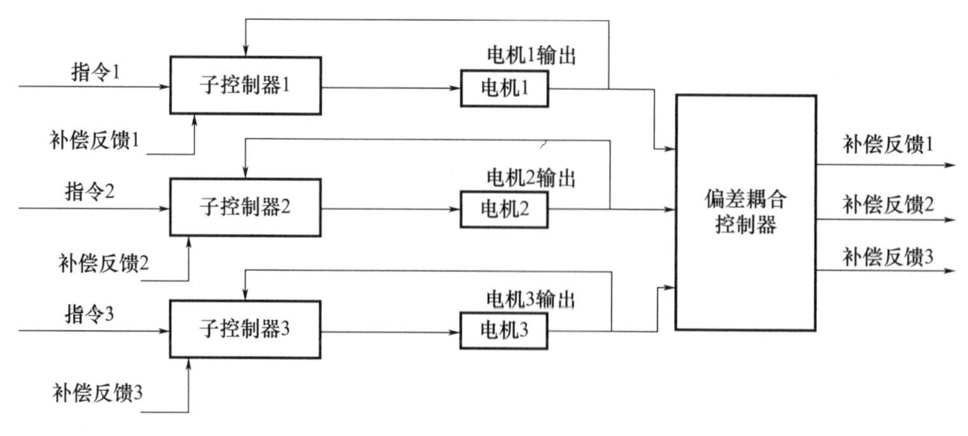

图 4-21　偏差耦合同步控制结构图

偏差耦合同步控制直接计算单个电机单元的补偿反馈，整体耦合度较高，具有很好的多电机同步控制性能，但是相较于交叉耦合同步控制更为复杂。而且由于偏差耦合控制器输入与输出的数量和电机子单元数量相同，计算量为该数量的平方，因而对偏差耦合控制器的设计要求更高。

综合分析上述多电机同步控制方案，本平台选用偏差耦合同步控制策略，并基于神经网络对 PID 控制器参数进行整定，通过神经网络的自学习、加权系数调整，从而使控制器的性能指标最优，系统更加稳定。

2. 基于神经网络的加权偏差耦合同步控制策略

平台的升降、横移涉及多台永磁同步电机，为了保障多台电机工作的协调性，在耦合同步控制结构的基础上对其适当改进，设计两个独立的控制器，分别用来处理跟踪误差信号和同步误差信号，并行工作，提高运算速度和控制精度。基于神经网络的加权偏差耦合同步控制结构如图 4-22 所示。

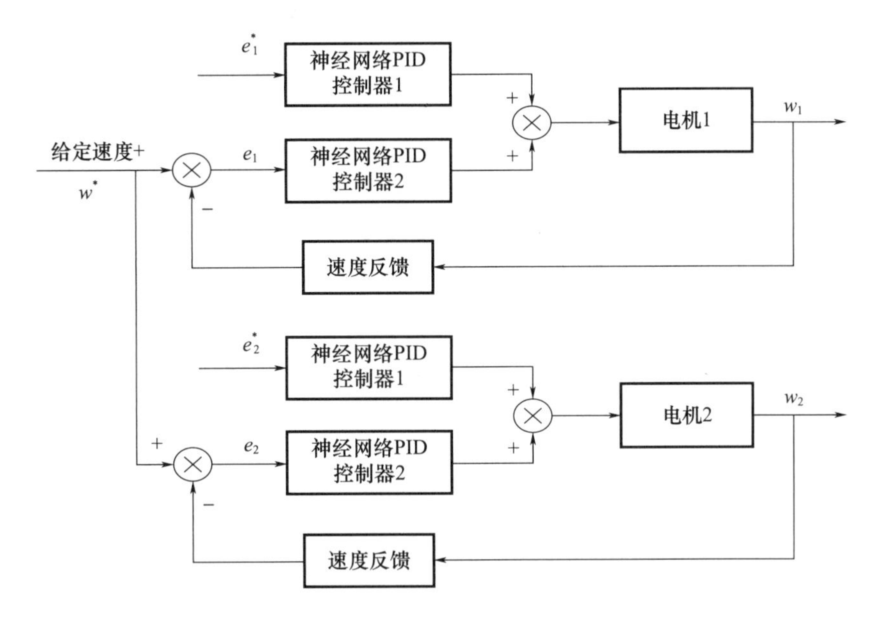

图 4-22　基于神经网络的加权偏差耦合控制结构图

其中，控制器 1 用于同步误差补偿，控制器 2 用于跟踪误差补偿，该结构是一种误差补偿同步控制策略结构，将其中误差补偿和跟随速度控制器都设计成神经网络 PID 控制器。在实际控制系统中，平台支柱各支脚会受到平台不同作用力，故对电机设定不同的权重，承受作用力大的电机设置高权重，作用力小的设置低权重。当高权重的电动机被干扰时，系统中的大多数电机可以一起工作，以获得更快的恢复速度；而当次要电机受到干扰时，只由少数电机来补偿扰动。

图中的同步误差$e_i^*(t)$定义为第 i 台电机与其他电机之间的误差之差的加权和：

$$\begin{cases} e_1^*(t)=p_1\varepsilon_1(t)-q_1\varepsilon_n(t) \\ \vdots \\ e_i^*(t)=p_i\varepsilon_i(t)-q_i\varepsilon_{i-1}(t) \\ \vdots \\ e_n^*(t)=p_n\varepsilon_n(t)-q_n\varepsilon_{n-1}(t) \end{cases} \tag{4.50}$$

$e_i^*(t)$单位为 r/min，其中耦合系数p_i、q_i是正常数。方程（4.50）可以很容易地重写为：

$$\begin{bmatrix} p_1 & \cdots & \cdots & \cdots & -q_1 \\ \vdots & \ddots & & & \vdots \\ 0 & -q_i & p_i & \cdots & 0 \\ \vdots & & & \ddots & \vdots \\ 0 & \cdots & \cdots & -q_n & p_n \end{bmatrix} * \begin{bmatrix} \varepsilon_1(t) \\ \vdots \\ \varepsilon_i(t) \\ \vdots \\ \varepsilon_n(t) \end{bmatrix} = \begin{bmatrix} e_1^*(t) \\ \vdots \\ e_i^*(t) \\ \vdots \\ e_n^*(t) \end{bmatrix} \tag{4.51}$$

定义

$$A=\begin{bmatrix} p_1 & \cdots & \cdots & \cdots & -q_1 \\ \vdots & \ddots & & & \vdots \\ 0 & -q_i & p_i & \cdots & 0 \\ \vdots & & & \ddots & \vdots \\ 0 & \cdots & \cdots & -q_n & p_n \end{bmatrix} \tag{4.52}$$

$$\varepsilon=\begin{bmatrix} \varepsilon_1(t) \\ \vdots \\ \varepsilon_i(t) \\ \vdots \\ \varepsilon_n(t) \end{bmatrix} \tag{4.53}$$

$$E=\begin{bmatrix} e_1^*(t) \\ \vdots \\ e_i^*(t) \\ \vdots \\ e_n^*(t) \end{bmatrix} \tag{4.54}$$

则上式可以写为：

$$A*\varepsilon=E \tag{4.55}$$

$$A=\begin{bmatrix} p_1 & \cdots & \cdots & \cdots & -q_1 \\ \vdots & \ddots & & & \vdots \\ 0 & \cdots & p_i & \cdots & -\dfrac{q_1q_2\cdots q_i}{p_1p_2\cdots p_{i-1}} \\ \vdots & & & \ddots & \vdots \\ 0 & \cdots & \cdots & 0 & p_n-\dfrac{q_1q_2\cdots q_n}{p_1p_2\cdots p_{n-1}} \end{bmatrix} \tag{4.56}$$

在矩阵 A 上进行等价变换，可以得到（4.56）的上三角矩阵。根据矩阵原理，可以确定式（4.55）有唯一解，多电机同步误差渐近收敛到零。

系统中第 i 台电机的速度控制量为：

$$u_i(t)=u_{i0}(t)+u_{i0}^*(t) \tag{4.57}$$

式中　$u_{i0}(t)$——第 i 台电机跟踪误差补偿器输出；

$u_{i0}^*(t)$——第 i 台电机的两个同步误差补偿器输出。

按照上述控制策略，根据不同电机运行情况，进行基于神经网络 PID 加权偏差耦合控制，用于补偿各电机驱动单元之间的同步误差，从而使系统各个电机具有更好的同步协调性，产生更小的误差。对于每台电机产生的跟随误差，采用神经网络 PID 闭环控制，从而使电机自身的输出能跟随电机输入的设定值变化，提高电机工作效率，产生较小的跟随误差。

神经网络控制器由传统 PID 控制器和 BP 神经网络两部分组成。传统 PID 控制器对被控对象直接进行闭环控制，但其中三个重要参数需要在线或离线整定。而 BP 神经网络能够跟随系统的运行环境，实时调节 PID 控制器参数，神经网络的输出即作为 PID 控制器的参数。

3. 控制策略的实现

传统的 BP 神经网络算法通过 PLC 控制模块实现，需要编写梯形图指令，这样实现起来相对烦琐。综合考虑 PC 机与 PLC 两者的特点，首先，利用 PC 机来实现复杂的算法，再将获得的结果传递给 PLC，由 PLC 实现相应的控制操作。利用安装在 PC 机上的 MATLAB/Simulink 实现控制算法，PC 机与 PLC 进行通信，将参数整定后结果传送至 PLC，再由 PLC 控制电机启停以及伺服驱动器动作。

4.4 平衡系统设计

4.4.1 系统功能介绍

跨越架搭设智能移动平台在执行升降和横移过程中处于高空载人作业，工作人员在载人平台上移动时可能会引起平台重心偏移，导致平台倾覆，从而引发安全事故。因此，设计平台的平衡控制系统至关重要。平衡控制系统的功能为当平台发生倾斜时，可通过调整支柱支脚伸缩量保证平台恢复平衡，系统采用模糊 PID 控制方案，通过融合模糊控制和 PID 控制的优点，更加有效地应对平台重心偏移问题，保证作业过程中平台的稳定性。

平衡控制系统主要由支脚和平台平面构成，不同平台具有不同的结构和支脚数量。智能移动平台平衡控制本质均为平台在空间中旋转至与参考地平面平行的运动过程，其理论基础为空间坐标旋转理论。当根据实际需要确定平台的结构和支脚数量后，可以依照空间坐标旋转理论分析出支脚伸长量与平台倾角之间的关系，并分析适用于不同作业场景下的调平方法，进而提出本智能移动平台调平方法。

4.4.2 空间坐标旋转理论

跨越架搭设智能移动平台调节平衡的实质是将倾斜的平台通过旋转的方式调整回水平状态，故在平台调节平衡过程中使用空间坐标旋转理论分析方法。

1. 二维空间坐标旋转

空间中任意一点位置可以通过建立参考坐标系表示，如处于二维参考坐标系中某一点可由坐标表示，如图 4-23 所示。

XOY 平面中有一点 $P(x,y)$，经过逆时针绕坐标系原点 O 旋转 α 角度后，得到点 $P'(x',y')$。若 P' 与 P 点的距离为 r，$\overrightarrow{OP}$ 向量与 x 轴的夹角为 θ，则 $\overrightarrow{OP'}$ 向量与 x 轴的夹角为 $\alpha+\theta$，所以点 $P'(x',y')$ 的坐标为：

$$\begin{cases} x'=r\cdot\cos(\alpha+\theta) \\ y'=r\cdot\sin(\alpha+\theta) \end{cases} \tag{4.58}$$

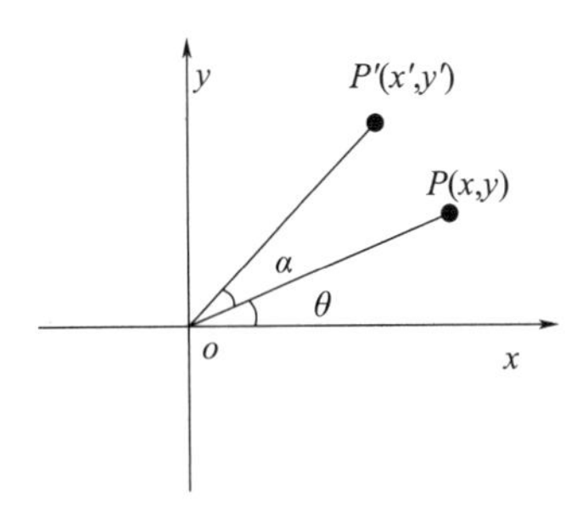

图 4-23　二维坐标系旋转示意图

将正弦、余弦变换公式 $\sin(\alpha+\theta)=\sin\alpha\cos\theta+\cos\alpha\sin\theta$、$\cos(\alpha+\theta)=\cos\alpha\cos\theta-\sin\alpha\sin\theta$ 代入上式得：

$$\begin{cases}x'=r\cos\alpha\cos\theta-r\sin\alpha\sin\theta\\ y'=r\sin\alpha\cos\theta+r\cos\alpha\sin\theta\end{cases}\tag{4.59}$$

又由于向量$\overrightarrow{OP}$与 x 轴的夹角为 θ，即：

$$\begin{cases}x=r\cos\theta\\ y=r\sin\theta\end{cases}\tag{4.60}$$

点 P 绕原点 O 逆时针旋转 α 角度后的点 P' 的坐标为：

$$\begin{cases}x'=x\cos\alpha-y\sin\alpha\\ y'=x\sin\alpha+y\cos\alpha\end{cases}\tag{4.61}$$

若表示为矩阵形式，即为 $[x' \quad y']^{\mathrm{T}}=R_{\alpha}\cdot[x \quad y]^{\mathrm{T}}$。其中 R_{α} 为绕原点 O 顺时针旋转 α 角度的旋转矩阵，其表达式为：

$$R_{\alpha}=\begin{bmatrix}\cos\alpha & -\sin\alpha\\ \sin\alpha & \cos\alpha\end{bmatrix}\tag{4.62}$$

若要求绕原点 O 逆时针旋转 $-\alpha$ 角度的旋转矩阵，则只需要求 R_{α} 的逆矩阵 R_{α}^{-1} 即可，根据计算可得：

$$R_{\alpha}^{-1}=\begin{bmatrix}\cos\alpha & \sin\alpha\\ -\sin\alpha & \cos\alpha\end{bmatrix}\tag{4.63}$$

可以看到，在一个二维坐标系 XOY 平面中想要求一个坐标点在绕原点 O 旋转任意角度后的坐标点位置向量，只需要使用对应旋转矩阵乘以原始坐标的位置向量即可。

2. 三维空间坐标旋转

在三维空间中，XOY 平面绕原点 O 旋转与 XOY 平面绕坐标轴 Z 旋转本质上是相同的。在绕坐标轴 Z 旋转的过程中 Z 轴坐标不会发生变化，同理，绕 X 轴旋转的 X 坐标不变。则绕 X 轴逆时针旋转 α 角度的旋转矩阵为：

$$R_\alpha=\begin{pmatrix}1 & 0 & 0\\ 0 & \cos\alpha & -\sin\alpha\\ 0 & \sin\alpha & \cos\alpha\end{pmatrix} \tag{4.64}$$

同理，绕 Y 轴逆时针旋转 β 角度的旋转矩阵为：

$$R_\beta=\begin{pmatrix}\cos\beta & 0 & -\sin\beta\\ 0 & 1 & 0\\ \sin\beta & 0 & \cos\beta\end{pmatrix} \tag{4.65}$$

绕 Z 轴逆时针旋转 γ 角度的旋转：

$$R_\gamma=\begin{pmatrix}\cos\gamma & -\sin\gamma & 0\\ \sin\gamma & \cos\gamma & 0\\ 0 & 0 & 1\end{pmatrix} \tag{4.66}$$

坐标点在三维空间中的旋转有时不仅仅是绕着坐标轴旋转，还需要在空间中绕任意轴旋转。但是经过分析，坐标点在三维空间中绕任意轴的旋转都可以依次经过 X、Y、Z 轴的旋转得到。

如图 4-24 所示，三维空间中一点 $P(x,y,z)$ 依次绕 X、Y、Z 轴旋转得到点 $P'(x',y',z')$，则点 $P'(x',y',z')$ 与点 $P(x,y,z)$ 坐标间的关系为：

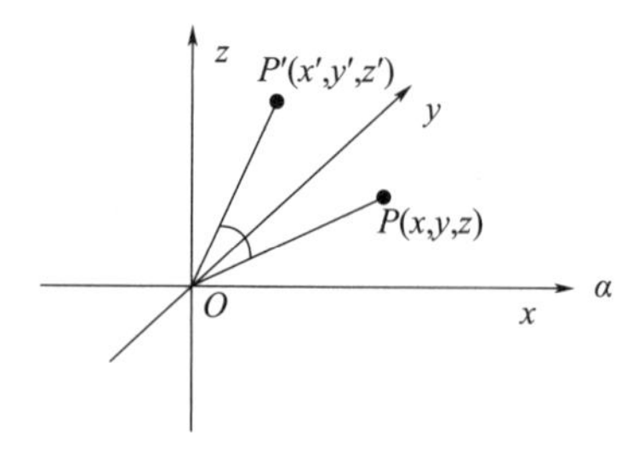

图 4-24　三维坐标系旋转示意图

$$[x' \quad y' \quad z']^{\mathrm{T}}=R_\gamma R_\beta R_\alpha[x \quad y \quad z]^{\mathrm{T}} \tag{4.67}$$

令 $R=R_\gamma R_\beta R_\alpha$，称其为空间旋转矩阵，将式（4.64）、（4.65）、（4.66）代入上式中可得矩阵值为：

$$R=\begin{pmatrix}\cos\gamma & -\sin\gamma & 0\\ \sin\gamma & \cos\gamma & 0\\ 0 & 0 & 1\end{pmatrix}\begin{pmatrix}\cos\beta & 0 & -\sin\beta\\ 0 & 1 & 0\\ \sin\beta & 0 & \cos\beta\end{pmatrix}\begin{pmatrix}1 & 0 & 0\\ 0 & \cos\alpha & -\sin\alpha\\ 0 & \sin\alpha & \cos\alpha\end{pmatrix} \tag{4.68}$$

经过化简后可得空间旋转矩阵值为：

$$R=\begin{pmatrix}\cos\beta\cos\gamma & -\cos\gamma\sin\alpha\sin\beta-\cos\alpha\sin\gamma & -\cos\alpha\cos\gamma\sin\beta+\sin\alpha\sin\gamma\\ \cos\beta\sin\gamma & \cos\alpha\cos\gamma-\sin\alpha\sin\beta\sin\gamma & -\cos\gamma\sin\alpha-\cos\alpha\sin\beta\sin\gamma\\ \sin\beta & \cos\beta\sin\alpha & \cos\alpha\cos\beta\end{pmatrix} \tag{4.69}$$

若要确定跨越架搭设智能移动平台上任意一点相对于原点的旋转变换后的坐标，只需将该点的坐标向量与适当的旋转矩阵相乘即可。由于移动平台由承载板和支脚构成，因此，只需确定平台系统支脚顶点的位置坐标，即可求得承载板与参考水平面之间的倾角。进一步，可以根据平台倾角推算出各支脚的伸长量。

4.4.3　平衡控制策略及实现

1. 调平策略分析

本系统采用角度误差控制平衡法来实现移动作业平台的平衡控制，类似于手动调平过程，角度误差控制调平法就是直接控制平台在 X、Y 方向上的倾角θ_x和 θ_y，通过调节移动平台支脚的升降高度来减小倾角值。

其平衡调节过程为：跨越架移动平台完成预支撑后，其承载平台可能由于受力不均等问题产生一定的水平倾角，倾角值由倾角传感器获得，如果$\theta_x>0$、$\theta_y>0$，则保持 2、3 支脚不动，1、4 支脚上升以减小倾角θ_x值；当$\theta_x=0$ 时，1、4 支脚停止上升，此时，保持 3、4 支脚不动，1、2 支脚上升以减小倾角θ_y值，直到$\theta_y=0$ 时，停止上升。

由于承载平台水平倾角与跨越架支脚升降高度之间存在耦合关系，多次重复上述过程可使移动平台倾角θ_x和θ_y均为零，平台就此达到水平状态。在调节系统平衡的过程中，通常是先将倾角值较大的倾角减小，再调节较小的倾角。角度误差平衡控制方法的控制逻辑如图 4-25 所示，当倾角θ_x和θ_y进入阴影范围，即可认为平台已经调平，阴影的大小为人工设定的误差精度。

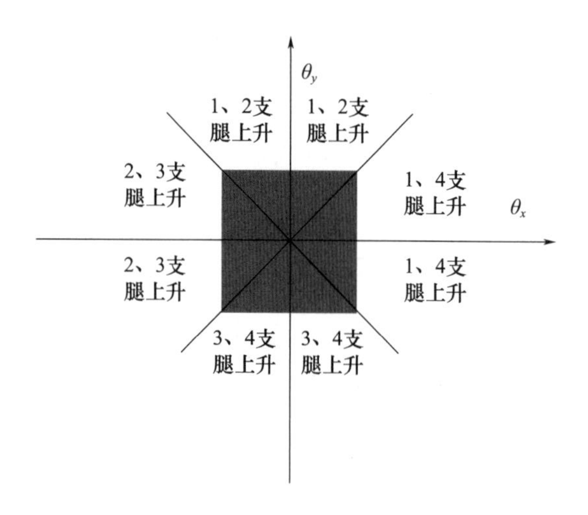

图 4-25　二维坐标系旋转示意图

下面，基于数学解析具体分析调平过程。按照调平次数可分为两次调平和一次调平，其中一次调平算法复杂，常见的主要是两次调平。平台在进入调平状态时一般处于非水平状态，在调平的过程中，通常是选用“追逐式”调平方法，即保持最高点或者最低点位置不变，并将其作为参考点。通过检测平台的横纵倾角误差值计算出平台其余三点距离参考点平面的垂直距离，根据调平最优原则选择横轴或者纵轴一侧先调平，而后调平另外一侧，最终达到平衡要求。

如图 4-26 所示，横、纵倾角分别是 α、β，则$h_{A'}$、$h_{B'}$、$h_{C'}$、$h_{D'}$分别是 A、B、C、D 距离水平面 $ABCD$ 的垂直距离，由图 4-26（a）可知：

$$h_{A'}=-h_{C'}=\frac{AD}{2}\cos\alpha+\frac{AB}{2}\cos\beta \tag{4.70}$$

$$h_{B'}=-h_{D'}=\frac{AD}{2}\cos\alpha-\frac{AB}{2}\cos\beta \tag{4.71}$$

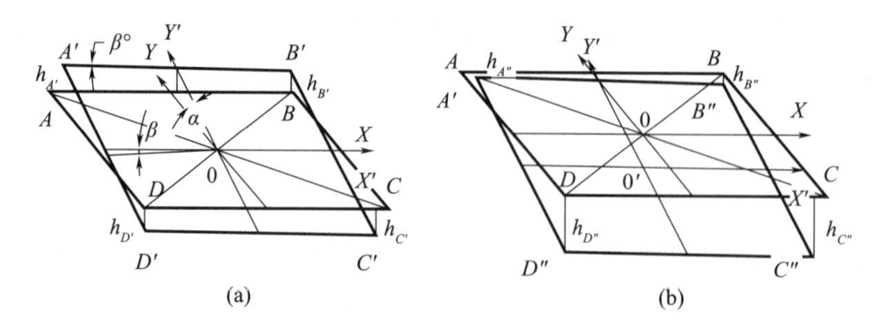

图 4-26　平台倾斜示意图

当水平面 $ABCD$ 沿法线向上平移$h_{A'}$距离后得出图 4-26（b），结合公式（4.70）和（4.71），此时有：

$$h_{A''}=h_{A'}-h_{A'}=0 \tag{4.72}$$

$$h_{B''}=h_{B'}-h_{A'}=-AB\cos\beta \tag{4.73}$$

$$h_{C''}=h_{C'}-h_{A'}=-AD\cos\alpha-AB\cos\beta \tag{4.74}$$

$$h_{D''}=h_{D'}-h_{A'}=-AD\cos\alpha \tag{4.75}$$

由公式（4.73）、（4.74）和（4.75）可得$h_{C''}=h_{B''}+h_{D''}$。即当使用“追高法”时，可通过第一次调节C''、D''两点移动$h_{C''}$距离，第二次调节B''、C''两点移动$h_{B''}$距离使平台平衡；“追低法”同理。两点调平法算法相对简单，并且避免了复杂的解耦计算，但是在独立调整一个方向时会影响另一个方向的水平度，因此，该调平方法需要多次重复调节两个方向的水平度，其中 $ABCD$ 各点高度的移动通过调节平台支柱各支脚伸缩量实现。

2. 平衡控制策略

1）速度-倾角偏差耦合模糊调平控制策略

由 4.2 节可知，平台升降移动由两台电机驱动，为获得对平台平衡姿态的控制，取两台电机速度代表两侧支脚的升降速度，对角线倾角代表平台倾斜状态，针对两台电机增加倾角输出耦合补偿控制，以保证平台水平升降，实现平台升降系统速度和平台倾角调平的混合同步控制。倾角耦合控制算法中取水平面 $ABCD$ 作为平台的评价平面（如图 4-27），平台实际姿态 $A'B'C'D'$与水平面之间的夹角作为倾角差值，差值送入倾角速度补偿器；倾角同步补偿器根据设计好的算法计算需要的补偿量，对每台电机形成倾角补偿控制。倾角速度补偿算法是以对角线倾角为水平误差反馈依据，对平台进行倾角补偿控制。以 A 点为例，将倾角 θ_1与补偿速度 $\Delta n_{A'}$建立一种比例关系，倾斜面在水平面以上时倾角为负，以下时倾角为正；倾角 θ_1为正时对电机的速度补偿为加速，倾角 θ_1为负时对相应支脚的补偿为减速；当平台下降时取 $\Delta n_{A'}$数值取反，其余倾角同样采用此控制方法。

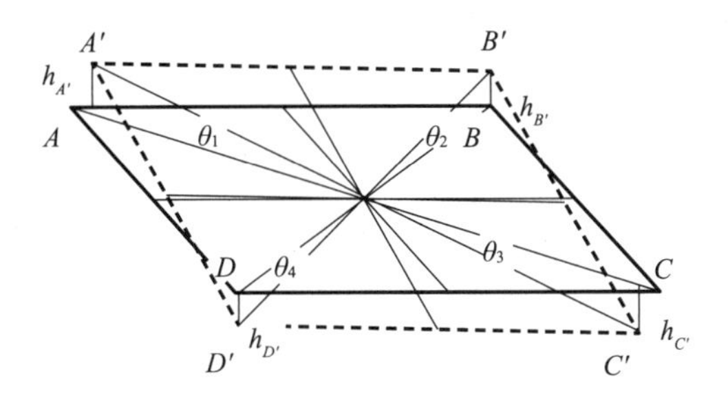

图 4-27　平台倾斜示意图

速度同步控制结构采用并联同步控制与偏差耦合同步控制相互切换的方式，设置安全倾角，当平台倾角不在安全倾角内时，平台两台电机使用倾角-并联同步控制，进行倾角补偿；当平台倾角在安全倾角内时，平台两台电机使用偏差耦合同步控制，不进行倾角补偿。这种在速度同步控制的基础上引入倾角补偿的方式，同时考虑平台的升降速度和平台平衡姿态，更有利于平台的平衡控制。

其中，控制器可采用 PID 控制规律实现，保障平衡系统的平衡控制效果。但经典 PID 控制更适用于能够建立精确模型的、结构和参数不变的确定性系统。当系统参数有所变化时，PID 参数值就要不断地重新调整，否则，系统难以达到最好控制效果。与传统 PID 控制不同，模糊 PID 控制是一种具有非线性特性的控制，本系统在经典 PID 控制的基础上引入模糊思想，采用模糊-PID 控制算法实现调平过程，即采用一个模糊参数调节器与一个标准的经典 PID 控制器共同构成，控制原理如图 4-28 所示。

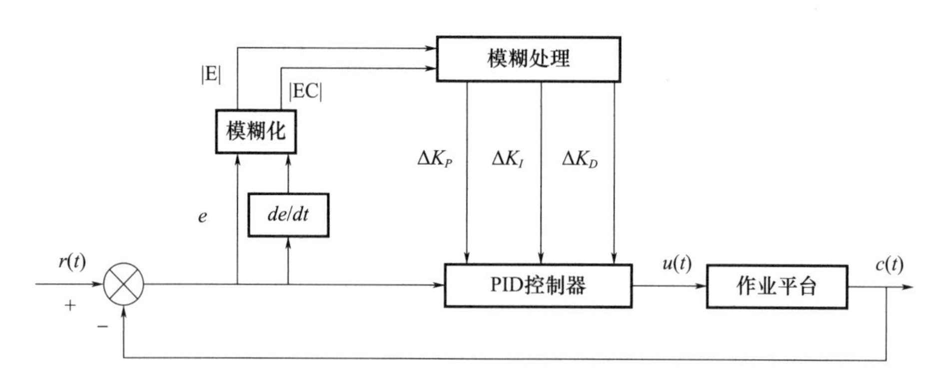

图 4-28　模糊-PID 平衡系统控制原理图

控制过程为：将设定的角度值与平衡控制后平台的倾角值比较得到角度偏差 e，模糊参数调节器根据偏差信号 e 与偏差变化率信号 $|EC|$ 的大小关系来调节 PID 控制器参数，PID 控制器发出控制信号，以实现对平台的平衡调节。该控制器是一种基于模糊逻辑的控制器，相关控制原理见第二章。

2）变论域模糊调平控制策略

模糊 PID 控制能够改善平衡控制系统控制效果，但当论域不同时平衡系统会在控制效果上受到严重影响。在模糊控制中，模糊推理过程依据于模糊规则表，在不同论域下，输入模糊量会映射到不同的隶属函数，经过模糊规则会得到不同的输出模糊量。在选择初始论域时，平衡控制系统会根据不同的输入信号而选择不同的论域；而在模糊 PID 控制中，一旦确定了论域就无法对其进行更改。除此之外，输入信号和被控对象的改变会引起输入变量的改变，此时，初始论域不再符合控制要求，需要重新设置初始论域。

变论域概念是在不改变规则格式的情况下，根据倾角误差和控制需求对输入、输出论域进行适度的伸缩转换。在局部层面，论域伸缩等于增加了新的规则，因而，可以进一步提高系统控制的精确度。在现有的基础上，对论域进行合理的伸缩改变，可以使现有的规则库体现出更好的实用价值，从而克服传统的规则空缺的缺点，实现最优控制。

综上，为进一步优化平衡系统控制精度，采用变论域技术动态调整论域，放宽对初始论域范围要求，提高平衡系统模糊 PID 控制的自适应能力。

（1）变论域的基本原理

变论域思想的本质为：在保证基本论域、模糊规则都未发生改变的前提下，需要设计选取一个符合要求且有效的伸缩因子，将伸缩因子与基本论域相乘，从而得到经过运算后的输入输出论域，使之前一次运算的响应后误差决定新的参数论域范围。若出现误差增大的情况，则此时的论域就会相应扩张，若误差减小则此时的论域会相应收缩。通过模糊控制器中参数范围的收缩变化，变量论域的在线自调整得到了有效实现，就控制器的控制效果方面进行评价，相当于在等范围论域内增加了一定数量的模糊规则，通过此种设计方法可以满足系统对较高控制精度的要求。

因在误差较大的情况下，模糊控制的控制效果更好，而当误差越小时，其周围的规则越少，模糊控制器的精确度就越低。根据“变论域”的概念，在不改变规则格式的情况下，随着误差的增加，输入量的论域随着误差的增大而增大；随着误差的减少，输入量的论域也相应降低，其工作原理如图 4-29 所示。

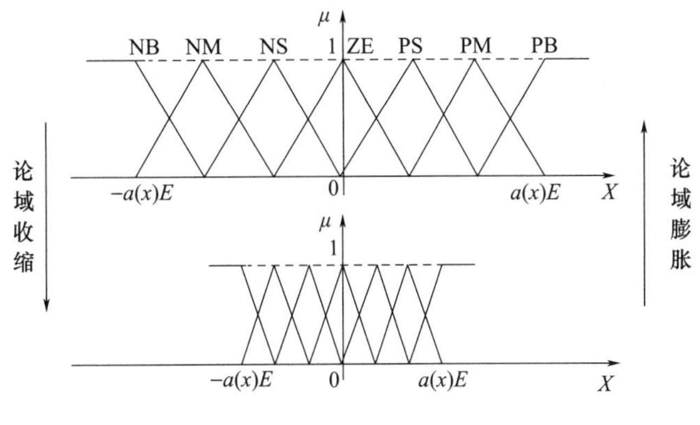

图 4-29　论域的伸缩变换图

从图 4-30 可以看出，论域的扩展实际上是一个论域和一个伸缩因子的乘积。随着伸缩因子的调整，隶属度函数也随之改变。随着论域的收缩，隶属度函数的图也会越来越尖，使得零点周围的模糊控制规则数目大大增多，从而有效地解决了在输入和输出接近零的情况下，控制系统精确度的提升问题；假如在没有引入变论域以前，当某个值的模糊量是 PM 时，通过论域的压缩，其对应的模糊量变为 PB。这等值于中值的误差被认为是偏大误差，从而增加了系统的误差敏感度，提高了系统的控制精度。而随着论域的膨胀，隶属函数获得的图像会相应地变得宽阔，也会使得模糊控制的应用范围变得更广泛，这将进一步提高模糊控制的适用性。在新的论域中，虽然隶属函数的形式随伸缩因子的变化而变化，但模糊控制中的模糊子集的从属函数值并未发生变化。

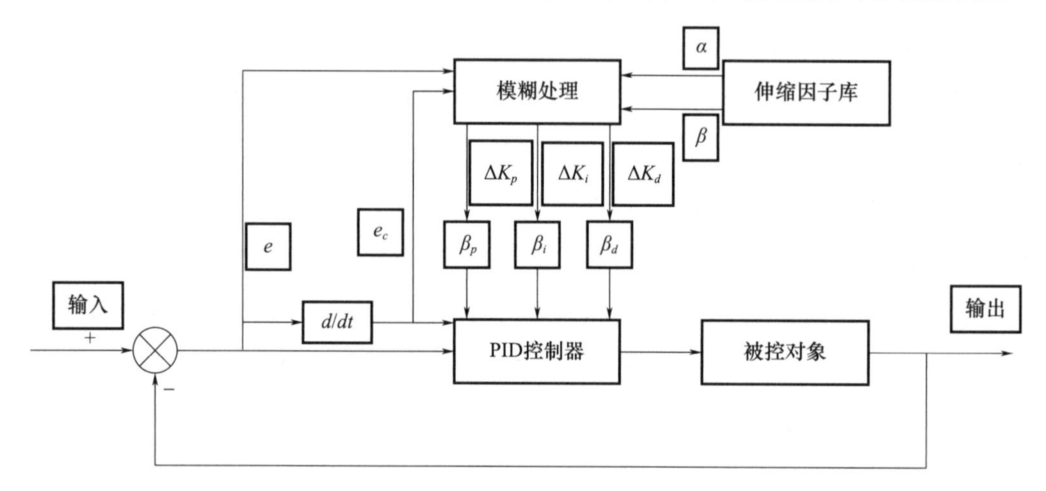

图 4-30　变论域模糊 PID 结构示意

变论域模糊控制是一种基于变论域和模糊控制的新方法，它能在不改变模糊控制规则的情况下，对论域范围进行实时调整。当有外界干扰时，被控系统在原有的固定论域内很难获得较好的控制效果。但是在变论域模糊控制下，可以根据输入的不同而进行调节，减少输入、缩小范围，增大输入、扩大范围，确保了系统的稳定性。

在引入“变论域”后，由于伸缩因子的存在，随着误差的降低，模糊自整定 PID 控制器的模糊度范围也会随着逐渐降低，等价于增加了控制律，从而在出现倾角误差时具有更多的控制规则，使得模糊自整定 PID 控制器能够快速地完成控制功能。变论域模糊 PID 结构控制器的示意如图 4-30 所示。伸缩因子可从伸缩因子库中获取，而伸缩因子库一般输出误差与误差变化率的伸缩因子，不同时刻的误差大小对应于不同的伸缩因子，伸缩因子的变化实现了对论域的调整。

（2）伸缩因子的选取

在对模糊控制器进行论域调整时，它的主要功能是对其进行模糊处理和解模糊处理。利用伸缩因子，通过调整量化系数和比例系数，来扩展或缩小控制系统的基本论域，在变论域自整定 PID 控制时，保证该系统控制精度的关键之处是选择适当的伸缩因子。当前，确定伸缩因子有多种方法，本系统采用一种基于模糊控制的伸缩因子，该方法会根据误差或者误差与其变化率来决定论域需要的伸缩因子。

（3）基于模糊规则的变论域模糊 PID 平衡控制算法

系统采用一种基于双输入单输出的可扩展系数模糊控制器。其中，其输入变量分别是误差和误差变化率，输出变量分别是误差伸缩因子α_1、误差变化率伸缩因子α_2和比例作用调整量ΔK_p的伸缩因子β_1、积分作用调整量ΔK_i的伸缩因子β_2，由于每个输出量都与输入量相关，彼此不存在关联，所以我们把它叫做“双输”。图 4-31 是一种用于 PID 控制的双输入单输出伸缩因子模糊准则。其控制过程如下：目标倾角与实际倾角做差，得到倾角误差以及倾角误差变化率。倾角误差以及其变化率通过双入单出的模糊控制器后得到伸缩因子α_1、α_2、β_1以及β_2。与此同时，倾角误差以及其变化率通过新误差论域、新误差变化率论域、新ΔK_p论域以及新ΔK_i论域的模糊控制器，从而得到 PID 控制的三个参数变化量，三个控制参数变化量与对应的初始设置量进行累加得到新控制参数。而且倾角误差及其变化率通过控制参数变化后的

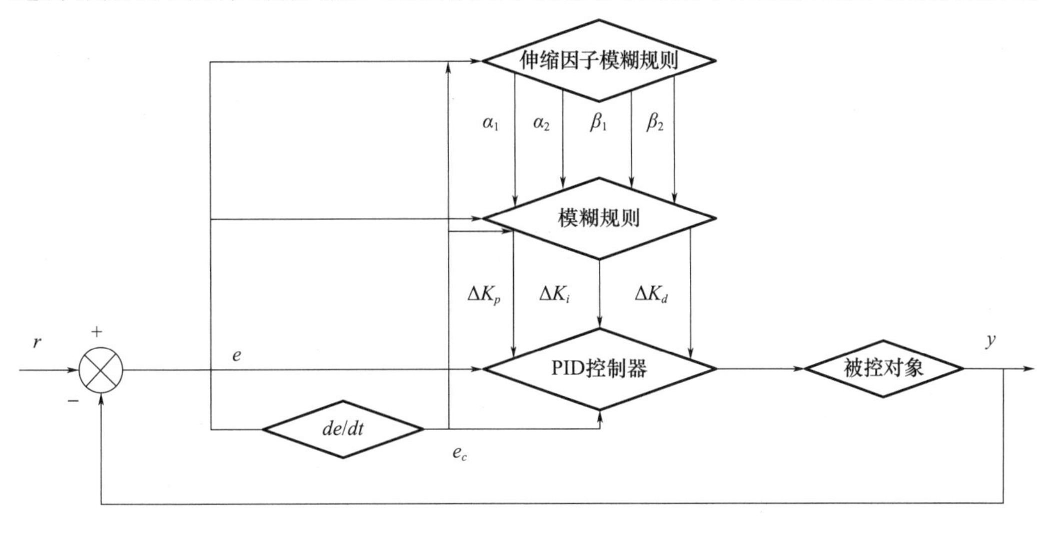

图 4-31　双入单出伸缩因子变论域 PID 控制

PID 控制可以得到输出值，控制支脚伸缩量变化，并输出平台实际倾角，接着与目标倾角进行偏差计算，反复循环。

在确定模糊量时，输入变量误差和误差变化率的论域应与模糊 PID 控制器具有相同的论域和相同的初始论域。模糊变量可划分为{NB、NM、NS、ZO、PS、PM、PB}。控制器输出变量α_1和α_2论域取值为[0,1]，模糊变量值可划分为{B、M、S、ZO}。

由于误差论域和误差变化率论域的变化只与其自身的变化有关，因而能较好地判定出伸缩因子α_1和α_2的模糊规则。根据模糊 PID 控制器的双输入单输出模糊规则可扩展性，误差论域的伸缩因子应当与误差成正比，而误差变化率论域伸缩因子应该和误差变化率呈正比例关系。伸缩因子α_1和α_2的模糊规则如表 4-1 和表 4-2 所示。

表 4-1　伸缩因子α_1的模糊规则

e	PB	PM	PS	ZO	NS	NM	NB
α_1	B	M	S	ZO	S	M	B

表 4-2　伸缩因子α_2的模糊规则

ec	PB	PM	PS	ZO	NS	NM	NB
α_2	B	M	S	ZO	S	M	B

伸缩因子α_1和α_2的模糊规则比较容易确定，因伸缩因子β_1和β_2是由误差和误差变化率共同决定的，所以比例作用调整量ΔK_p的伸缩因子β_1和积分作用调整量ΔK_i的伸缩因子β_2的模糊规则相对来说较难确定。输出变量β_1和β_2论域范围为[0,1]，模糊变量可以划分为{VB、B、M、S、VS}，其中 VB 代表“Very Big”，VS 代表“Very Small”。伸缩因子β_1和β_2的模糊规则如表 4-3 和表 4-4 所示。

表 4-3　伸缩因子β_1的模糊规则

β_1		ec						
		NB	NM	NS	ZO	PS	PM	PB
e	NB	VB	VB	VB	B	B	S	VS
	NM	VB	VB	B	B	M	S	VS
	NS	VB	M	B	S	VS	S	VS
	ZO	M	M	S	VS	S	M	M

续表

β_1		ec						
		NB	NM	NS	ZO	PS	PM	PB
e	PS	VS	S	VS	S	B	M	VB
	PM	VS	S	M	B	B	VB	VB
	PB	VS	S	M	B	VB	VB	VB

表4-4　伸缩因子β_2的模糊规则

β_2		ec						
		NB	NM	NS	ZO	PS	PM	PB
e	NB	VS	VS	S	B	S	VS	VS
	NM	S	M	M	B	M	M	S
	NS	M	M	B	VB	B	M	M
	ZO	B	B	VB	VB	VB	B	B
	PS	M	M	B	VB	B	M	M
	PM	S	M	M	B	M	M	S
	PB	VS	VS	S	M	S	VS	VS

3. 控制策略的实现

平衡控制算法较为复杂，采用基本PLC编程实现相对困难，所以在算法实现方面同前述系统，利用MATLAB/Simulink实现变论域的速度-倾角偏差耦合模糊调平算法，再将获得的结果传递给PLC，由PLC发送指令控制电机启停以及伺服驱动器动作，不再赘述。

4.5　支撑定位系统

4.5.1　系统功能介绍

跨越架搭设智能移动平台在已搭设的跨越架上攀爬时，需要能够对平台位置进行精准定位和判断，进而保证平台能够达到设置安全工作高度并及时调整支脚位置，保证其精准停靠支撑在承插型盘扣式钢管上。

支撑定位系统主要由激光测距传感器、工业相机、无线通信模块等构成，激光测距传感器用于测量平台距离地面高度，参见4.1节内容，不再赘述。

工业相机可实时采集平台作业图像，以便利用机器视觉技术定位平台位置信息，是搭建机器视觉处理系统的重要组成部件，主要作用是将采集到的光信号转变成相应的电信号。视觉处理技术高度依赖于采集的高精度图像，因此，具有高精度成像质量的相机对于机器视觉处理系统非常重要。

在跨越架搭设智能移动作业系统中，定位系统不仅需要实现对支撑位置的精准定位，还需要与系统其他部件进行通信，以实现数据传输和控制指令的发送。为此，需要配备无线通信模块，以确保系统各部件之间的实时信息交换和协调作业。无线通信模块可以采用多种技术，包括 Wi-Fi、蓝牙、LoRa（长距离低功耗无线通信）或者移动通信网络模块等。选择何种无线通信技术取决于作业环境、通信距离、数据传输速率和功耗等因素。通过配备无线通信模块，定位系统可以实现以下功能。

① 实时数据传输：定位系统可以将实时采集的支撑位置数据传输给智能移动平台系统的其他部件，以便实时监测作业进程并进行调整。

② 控制指令发送：控制中心或操控设备可以通过无线通信模块向定位系统发送控制指令，如调整支脚位置、启动/停止作业等，以实现对作业系统的远程控制。

③ 状态反馈：定位系统可以将自身的状态信息反馈给控制中心或操控设备，如各个传感器工作状态等，以确保作业平台的稳定运行。

④ 实时监控与报警：定位系统可以通过无线通信模块将异常情况或报警信息传输给控制中心，以便作业人员及时采取相应措施。

为了进一步丰富定位系统数据信息，提高系统定位精度，可以采用卡尔曼滤波等算法来实现数据融合和状态估计，以实现对跨越架位置的精准、稳定和实时定位。

4.5.2 目标定位原理

目标定位包括单目视觉定位、双目视觉定位以及多目视觉定位，综合分析各方案优缺点，本设计采用单目视觉定位方案，对平台运动状态进行跟踪监测与定位，建立了一种基于小孔成像的简单数学模型。在不需要知道运动目标深度信息的情况下，仅仅依靠单目相机参数以及单帧二维图像即可解算出平台三维位置信息，实现作业平台精准定位。

1. 模型构建

小孔成像模型也就是相机成像原理，如图4-32所示。在三维空间中存在一点M，其通过单目相机光心C后会在成像平面上形成一个对应像点m，根据成像原理可知像点m与对应点M是倒立的位置关系，且两者的大小存在一定比例关系。根据高斯成像公式有：

$$\frac{1}{f}=\frac{1}{a}+\frac{1}{b} \tag{4.76}$$

式中　f——相机焦距；

　　　a——物距；

　　　b——像距。

在图像采集过程中，由于物距远远大于像距，上式可以近似写为：

$$\frac{1}{f}=\frac{1}{b} \tag{4.77}$$

因此，可以认为成像平面与焦平面重合，成像平面与光心的距离等于焦距f。

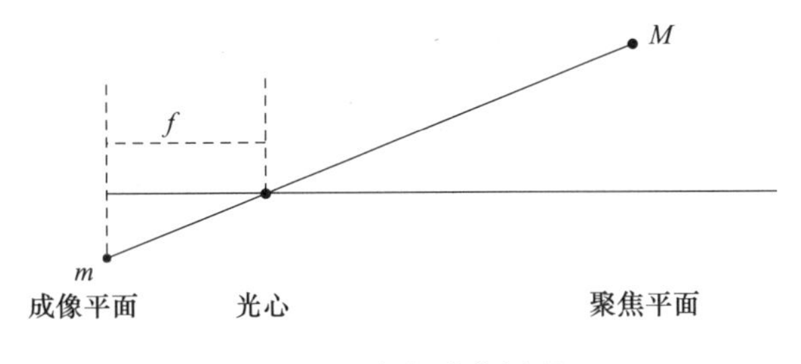

图4-32　相机成像原理

在相机的成像过程中通常涉及到图像坐标系、相机坐标系、世界坐标系以及像素坐标系四个坐标系。相机坐标系是以相机光心为坐标原点，以光轴为Z轴建立的三维直角坐标系，从相机的角度衡量目标位置，用(X_c,Y_c,Z_c)表示坐标值，单位是长度单位；世界坐标系是描述客观三维世界中目标位置的绝对坐标系，用(X,Y,Z)表示坐标值，单位是长度单位；图像坐标系以光轴与图像平面的交点为坐标原点，其x轴和y轴分别与图像平面的长与宽平行，用(x_i,y_i)表示坐标值，单位是长度单位；像素坐标系的坐标原点是成像平面的左上角顶点，分别以图像的长与宽为横轴和纵轴，用(u,v)表示坐标值，以被测目标在数字图像中的行数和列数表示目标在图像中的位置。

假定图像坐标系的坐标原点O_i；在像素坐标系中的坐标为(u_0,v_0)，在图

像像素大小为 d 的假设下，图像坐标系与像素坐标系之间的坐标转换关系：

$$x_i=(u-u_0)d \tag{4.78}$$

$$y_i=(v-v_0)d \tag{4.79}$$

用矩阵形式表达式（4.78）、式（4.79）可以得到：

$$\begin{bmatrix} u \\ v \\ 1 \end{bmatrix}=\begin{bmatrix} \frac{1}{d} & 0 & u_0 \\ 0 & \frac{1}{d} & v_0 \\ 0 & 0 & 1 \end{bmatrix}\begin{bmatrix} x_i \\ y_i \\ 1 \end{bmatrix} \tag{4.80}$$

为简化模型便于计算分析，针对图 4-32 所示小孔成像模型加以调整。在聚焦平面一侧距离相机光心为焦距 f 处新建立一个成像平面，使得成像平面与三维空间点一起放置在相机坐标系的同一侧，且成像方向与三维空间点的方向保持一致，如图 4-33 所示，$O_cX_cY_cZ_c$ 为相机坐标系，$o_ix_iy_i$ 为图像坐标系，其中 O_c 为光心，Z_c 轴与相机光轴重合。$P(X_c,Y_c,Z_c)$ 为三维空间点在相机坐标系下的三维坐标，$p(x_i,y_i)$ 为三维空间点在图像坐标系上的二维坐标。由图 4-33结合式（4.77）可得 $P(X_c,Y_c,Z_c)$ 与 $p(x_i,y_i)$ 之间存在如下关系：

$$\frac{X_c}{x_i}=\frac{Z_c}{f} \tag{4.81}$$

$$\frac{Y_c}{y_i}=\frac{Z_c}{f} \tag{4.82}$$

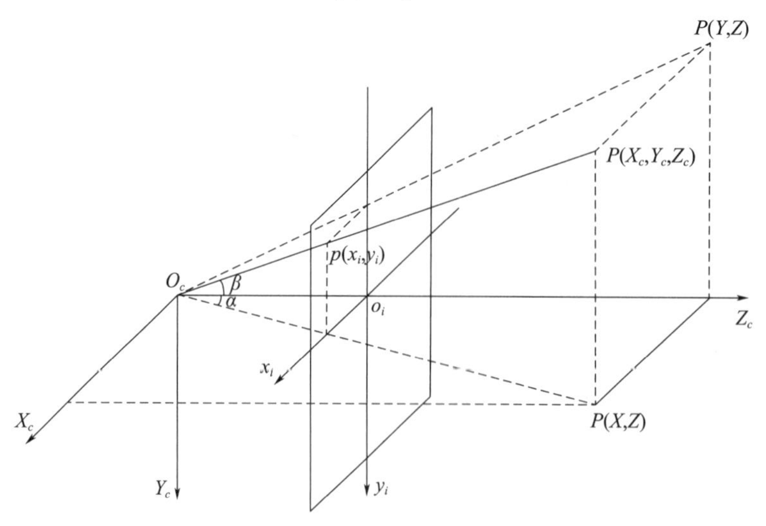

图 4-33　视觉坐标系

用矩阵形式表示为：

$$Z_c\begin{bmatrix}x_i\\y_i\\1\end{bmatrix}=\begin{bmatrix}f&0&0&0\\0&f&0&0\\0&0&1&0\end{bmatrix}\begin{bmatrix}X_c\\Y_c\\Z_c\\1\end{bmatrix}\tag{4.83}$$

由式（4.78）、（4.79）以及式（4.81）、（4.82）可得：

$$u=\frac{X_cf}{Z_cd}+u_0\tag{4.84}$$

$$v=\frac{Y_cf}{Z_cd}+v_0\tag{4.85}$$

整理成矩阵形式可得：

$$Z_c\begin{bmatrix}u\\v\\1\end{bmatrix}=\begin{bmatrix}\frac{1}{d}&0&u_0\\0&\frac{1}{d}&v_0\\0&0&1\end{bmatrix}\begin{bmatrix}f&0&0&0\\0&f&0&0\\0&0&1&0\end{bmatrix}、\begin{bmatrix}X_c\\Y_c\\Z_c\\1\end{bmatrix}\tag{4.86}$$

令

$$M=\begin{bmatrix}\frac{1}{d}&0&u_0\\0&\frac{1}{d}&v_0\\0&0&1\end{bmatrix}\begin{bmatrix}f&0&0&0\\0&f&0&0\\0&0&1&0\end{bmatrix}\tag{4.87}$$

则式（4.84）化简为：

$$Z_c\begin{bmatrix}u\\v\\1\end{bmatrix}=M\begin{bmatrix}X_c\\Y_c\\Z_c\\1\end{bmatrix}\tag{4.88}$$

由式（4.88）可知，对于一个三维空间点，可以在其成像平面中找到一个唯一的像素点与之对应，但是与此不同的是，通过成像平面中某个像素点寻找其三维空间中的对应点却是不现实的，因为此时等式左边 Z 缺失以至于无法求得特定解。因此，在利用单目视觉单帧图像进行定位时，必须辅助以额外信息，首先通过小孔成像模型定义并求解方位信息，然后利用方位信息、坐标关系以及相机自身安装位置求解深度信息以及三维空间对应点位置的策略。

2. 方位信息估计

为表示三维空间点相对于相机的方位关系，定义空间点在相机坐标系下的方位角 α 及俯仰角 β。方位角为光心-空间点矢量在相机坐标系 $X_cO_cZ_c$ 平面上的投影与相机光轴的夹角，俯仰角为光心-空间点矢量在相机坐标系 $Y_cO_cZ_c$ 平面上的投影与相机光轴的夹角。由图 4-33 可得：

$$\alpha=\arctan\frac{X_c}{Z_c} \tag{4.89}$$

$$\beta=\arctan\frac{Y_c}{Z_c} \tag{4.90}$$

将式（4.81）及式（4.82）代入式（4.89）及式（4.90）：

$$\alpha=\arctan\frac{x_i}{f}=\arctan\frac{(u-u_0)d}{f} \tag{4.91}$$

$$\beta=\arctan\frac{y_i}{f}=\arctan\frac{(v-v_0)d}{f} \tag{4.92}$$

因此，可根据空间点在图像平面内的位置信息以及相机信息，在不需要空间点深度信息的情况下求得空间点相对于相机的方位信息。

3. 深度信息及世界坐标估计

1）一般情形

如图 4-34 所示，假设相机安装在距离地面 h 高度处，相机倾斜放置，其光轴与水平方向夹角为 θ（$0°<\theta<90°$），为方便计算，同时建立世界坐标系，并使两坐标系原点重合，$Y_cO_cZ_c$ 平面与 $Y_wO_wZ_w$ 平面重合，被测目标在地面运动。

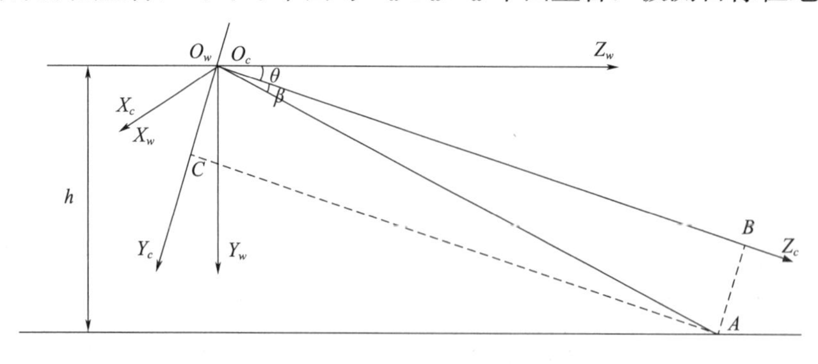

图 4-34　距离测量投影示意图

由图 4-34 可知，X_w 轴与 X_c 轴重合，只需求得 $Y_cO_cZ_c$ 平面与 $Y_wO_wZ_w$ 平面的关系即可获知世界坐标系与相机坐标系的关系。设 $Y_cO_cZ_c$ 平面内存在一点坐标(Y_c,Z_c)，用极坐标系表示为(r,t)，则：

$$\begin{cases}Y_c=r\times\cos t\\Z_c=r\times\sin t\end{cases}\tag{4.93}$$

将 $Y_cO_cZ_c$ 逆时针旋转 θ 角度可以得到 $Y_wO_wZ_w$，则前述所定义点的极坐标相应可以用$(r,t-\theta)$来表示，因而：

$$\begin{cases}Y_w=r\times\cos(t-\theta)=r[\cos t\times\cos\theta+\sin t\times\sin\theta]\\Z_w=r\times\sin(t-\theta)=r[\sin t\times\cos\theta-\cos t\times\sin\theta]\end{cases}\tag{4.94}$$

将式（4.93）代入式（4.94）可得：

$$\begin{cases}Y_w=Y_c\times\cos\theta+Z_c\times\sin\theta\\Z_w=Z_c\times\cos\theta-Y_c\times\sin\theta\end{cases}\tag{4.95}$$

因此，世界坐标系与相机坐标系的关系用矩阵可以表示为如下形式：

$$\begin{bmatrix}X_w\\Y_w\\Z_w\end{bmatrix}=\begin{bmatrix}1&0&0\\0&\cos\theta&\sin\theta\\0&-\sin\theta&\cos\theta\end{bmatrix}\begin{bmatrix}X_c\\Y_c\\Z_c\end{bmatrix}\tag{4.96}$$

由式（4.81）及式（4.82）可以看出，在确定目标质心图像坐标，也即(x_i,y_i)后，在相机焦距 f 已知的情况下，只需求解目标质心在相机坐标系下 Y_c的大小就可以获得目标质心在相机坐标系下的坐标(X_c,Y_c,Z_c)，进而通过式（4.96）得到目标质心在世界坐标系下的坐标(X_w,Y_w,Z_w)，同时得到目标的深度信息：

$$S=\sqrt{X_c^2+Y_c^2+Z_c^2}\tag{4.97}$$

由于相机倾斜角度 θ 已知，目标质心俯仰角 β 可由式（4.92）求得，因此根据几何关系可以看出：

$$O_cA=\frac{h}{\sin(\theta+\beta^i)}\tag{4.98}$$

$$AB=O_cA\times\sin|\beta|\tag{4.99}$$

AB 即为目标质心在相机坐标系下 Y_c 的大小。值得注意的是式（4.98）以及式（4.99）成立的必要条件是 $\beta<0^\circ$（此时由于目标位于地面，故一定存在

$h/\sin(\theta+\beta)>0°$）或者 $\beta>0°$。特别地，当 $\beta=0°$时，即当 $y_i=0$ 时，容易得到 $Y_c=0$，同时 $Z_c=h/\sin\theta$，此时由式（4.81）可知 $X_c=Z_c x_i/f$。

2）特殊情形

针对一些极少数特殊场景下的深度信息及世界坐标估计问题，上述方法便不再适用，针对可能存在的特殊情形，需要进一步完善结论。

第一类特殊情形，针对定位地面目标时和机光轴偏转角度不满足$0°<\theta<90°$的几种情况，对于下述若干种特殊情况，始终保证地面目标在相机视野同一侧范围内运动，相机光轴同步发生偏移。

如图 4-35 所示，当相机光轴不指向地面时，定义 $\theta<0°$。通过分析可知此时 $\beta>0°$，因此，目标必定位于相机坐标系 Y_c 正半轴区间内，并且 $\beta+\theta>0°$。由此：

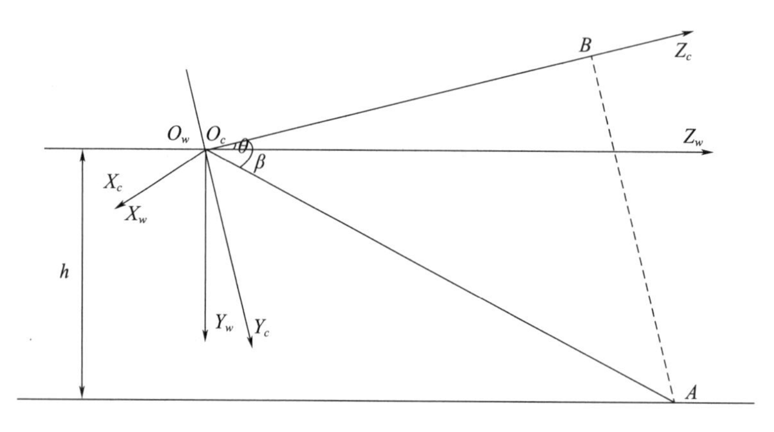

图 4-35　$\theta<0°$

$$O_cA=\frac{h}{\sin(\theta+\beta)} \tag{4.100}$$

由于目标始终位于相机坐标系 Y_c 正半轴区间内，因此可以直接求得：

$$Y_c=O_cA\times\sin\beta \tag{4.101}$$

最终，再根据式（4.81）及式（4.82）求得其余两个方向的坐标信息，根据式（4.96）及式（4.97）求得目标世界坐标以及深度信息。

如图 4-36 所示，当相机光轴与地面水平时，定义 $\theta=0°$。通过分析可知此时 $\beta>0°$，相机坐标系与世界坐标系重合。由此可以直接求得：

$$Y_C=h \tag{4.102}$$

最终再根据式（4.81）及式（4.82）求得其余两个方向的坐标信息，根据式（4.96）及式（4.97）求得目标世界坐标以及深度信息。

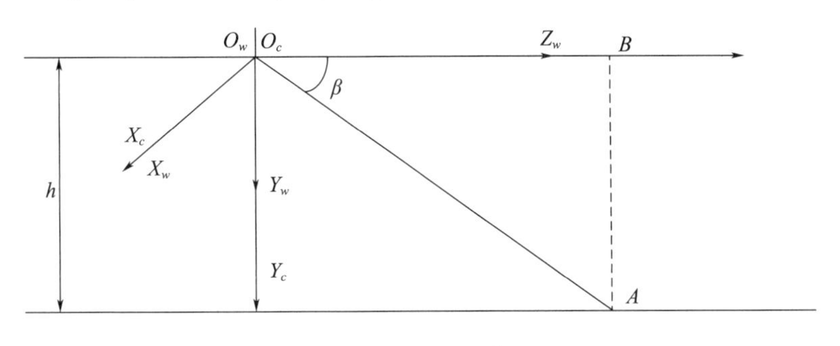

图 4-36　$\theta=0°$

如图 4-37 所示，当相机光轴与地面垂直时，定义 $\theta=90°$。通过分析可知此时一定存在 $\beta<0°$。由此：

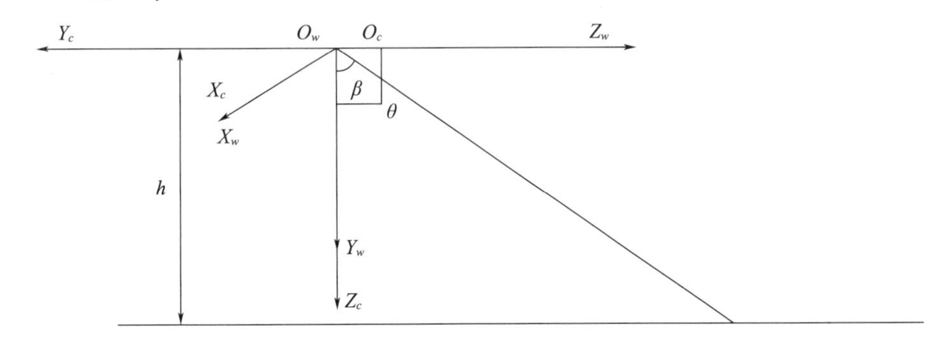

图 4-37　$\theta=90°$

$$Z_C=h \tag{4.103}$$

最终，再根据式（4.81）及式（4.82）求得其余两个方向的坐标信息，根据式（4.96）及式（4.97）求得目标世界坐标以及深度信息。

第二类特殊情形，运动目标位于空中并且在相机视野同一侧范围内，如图 4-38 所示，图中 A 点为坐标原点与目标质心连线的反向延长线与地面的交点。由于 A 点与目标质心空间共线，所以 A 点在图像坐标系中的坐标以及相对于坐标原点的角度信息均与目标质心处相同。此时，为求得位于空中目标质心的坐标信息，首先需要通过上述方法求得 A 点相机坐标系下的三维坐标 (X_c^A, Y_c^A, Z_c^A) 以及相对于坐标原点的距离 s。假设目标质心相对于地面的高度为 n，相对于坐标原点的距离为 m，不难发现存在如下关系：

$$\begin{cases} \dfrac{h-n}{m\times\cos\alpha}=\sin(\theta+\beta) \\ \dfrac{h-n}{h}=\dfrac{m\times\cos\alpha}{s\times\cos\alpha}=\dfrac{m}{s} \end{cases} \tag{4.104}$$

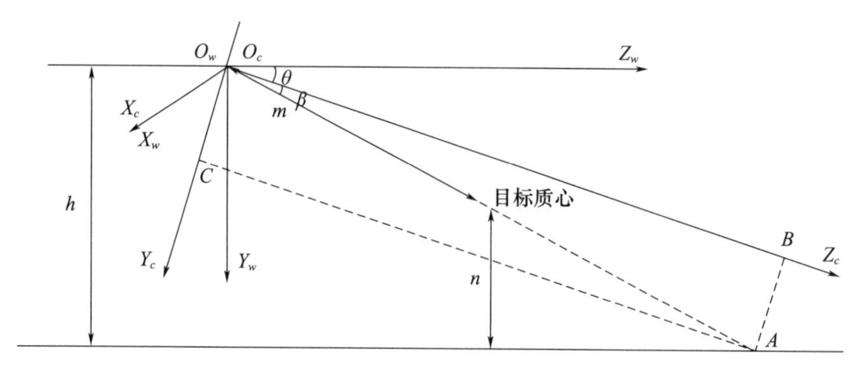

图 4-38 空中目标

根据上述方程即可求得 m 和 n，进而求得目标相机坐标系下的三维坐标：

$$
\begin{aligned}
Y_c &= m \times \cos\alpha \times \sin\beta \\
Z_c &= m \times \cos\alpha \times \cos\beta \\
X_c &= \frac{x_i Z_c}{f}
\end{aligned}
\tag{4.105}
$$

根据式（4.96）及式（4.97），即可求得目标世界坐标以及深度信息。基于上述分析，可以利用工业相机定位出移动平台位置信息。

4.6 远程监控系统

4.6.1 系统功能介绍

智能移动平台作业过程中，需要对平台作业情况进行实时监测，包括实时监测各电机、传感器等硬件工作情况，以及显示平台升降速度、升降位置、平台倾角等信息；能够远程操控平台工作，包括平台升降、横移、支脚转向等；同时，当系统各部件工作异常，可及时预警，保障作业人员实时掌控平台工作情况。考虑到本智能移动平台系统工作环境多为室外，为了提高系统整体便携性，采用触摸屏作为上位机。

前述 4.1 节已对本系统涉及的硬件设备进行了介绍，本部分将重点介绍系统软件的设计与实现。

4.6.2　监控系统设计

1. 软件配置

1）程序开发环境

控制程序可借助西门子 TIA Pontal V14 软件开发平台编写，该软件将所有的自动化软件工具都统一到一个开发环境中，是业内首个采用统一工程组态和软件项目环境的自动化软件，可在同一开发环境中组态几乎所有的西门子可编程序控制器、人机界面和驱动装置。在控制器、驱动装置和人机界面之间建立通信时，可大大降低连接和组态成本。

2）项目的创建及硬件的组态

启动 TIA Portal V14 软件后，软件界面包括 Portal 视图和项目视图，两个界面中都可创建新项目。在 Portal 视图中，单击“创建新项目”，并输入项目名称、路径和作者信息，然后单击创建，即可生成新项目。在项目视图中创建新项目，只需在“项目”菜单中，选择“新建”命令后，“创建新项目”对话框随即跳出，之后的创建过程与 Portal 视图中创建新项目一致。

S7-1200 PLC 自动化系统需要对各硬件进行组态、参数配置和通信互联。项目中的组态要与实际系统一致，系统启动时，CPU 会自动监测软件的预设组态与系统的实际组态是否一致。在添加完新设备后，会生成与其匹配的机架。S7-1200 CPU 左侧配置通信模块，CPU 右侧配置信号模块，CPU 本体上可配置一扩展板。在硬件配置时，TIA 软件会自动检查模块的正确性。PLC 硬件组态完成后，可在网络视图中组态 PROFIBUS、PROFINET 网络，创建以太网的 TCP 连接或 HMI 连接等。

2. 控制系统总体流程

控制程序包括主程序和子程序，利用 FC 与 FB 编写子程序，然后在主程序（OB1）中调用子程序。利用 FC 进行电机、舵机启停控制、报警逻辑及触摸屏控制逻辑的编写；利用 FB 进行控制用电机的运动控制逻辑的编写。为了保证智能移动平台作业安全性，避免停电后突然来电造成程序运行紊乱，在 PLC 每次上电后，需先对程序中各变量进行初始化。

3. 上位机监控界面设计

上位机作为系统和操作人员之间信息交互的桥梁，在控制系统中起着至关重要的作用。上位机既可以将信息的内部数字形式转换为人类可接受的形式，用来显示系统状态与相应参数信息，也可以通过相应的编程实现对系统中各个设备的控制。本系统选用的上位机为西门子触摸屏，上位机开发基于WinCC组态软件。

本系统的触摸屏界面采用菜单界面设计和图形界面设计相结合的方式，通过组态各种显示和控制功能实现系统操作状态、当前工作过程值及故障的可视化，利用人机界面操作监控智能移动平台系统，对PLC中的实时数据进行显示、记录、存储、处理，从而满足移动作业平台的实时监测与控制要求。

根据智能移动平台作业现场监控需要，设计该系统的上位机主要实现系统参数设置、系统控制、信息显示、工作状态显示和报警数据管理等功能。触摸屏上相应设计有操作页面，操作人员可以根据实际需要通过触摸屏点击需要操作的功能选项对平台进行操作，包括手动控制、自动控制、系统参数调节、急停、报警等。下面，对远程监控系统各功能界面进行介绍。

1）系统主界面

作为远程监控系统操作平台功能的中心，提供了各种操作选项，操作人员可以根据需要点击相应功能选项来监控平台，具体包括手动控制功能、自动控制功能、系数参数设置功能、急停功能。

手动控制选项允许操作人员直接操控平台的各项功能，通过手动控制可以精确地调整平台的位置和动作，以满足特定的工作需求；自动控制选项提供了便捷的自动化操作功能，操作人员可以设置平台系统按照预设程序自动执行特定的动作和任务，提高工作效率；系统参数调节选项允许操作人员对平台系统的各项参数进行调整和优化，根据实际需求优化平台的性能和功能，以确保其正常运行和高效工作；急停选项提供了一种紧急情况下停止平台系统运行的快捷方式，当出现意外或紧急情况时，可以立即点击急停选项，使平台系统立即停止所有动作，保障人员和设备安全。以上功能选项的设计使操作人员能够方便地管理和控制平台系统，实现平台更加高效、安全和灵活地作业，提高跨越架搭设效率。

2）手动控制界面

操作人员可以通过该界面对平台进行手动控制，包括以下几点。

（1）内侧支架横移

允许手动控制内侧支架的横向移动，以调整支架的位置。

（2）外侧支架横移

可以通过该选项手动控制外侧支架的横向移动，以确保平台系统的稳定和平衡。

（3）内侧支架升降移动

允许手动控制内侧支架升降移动，以适应不同高度的工作环境和需求，调节平台升降。

（4）外侧支架升降移动

通过该选项手动控制外侧支架升降移动，以满足特定工作任务对高度的要求，调节平台升降。

（5）内侧支架支脚偏转

允许手动控制内侧支脚的偏转，使平台系统能够固定于承插型盘扣式跨越架的钢管上。

（6）外侧支架支脚偏转

通过该选项手动控制外侧支脚的偏转，使平台系统牢固地固定于钢管上。

（7）物料吊运控制

提供手动控制平台系统进行物料吊运操作的选项，操作人员可以根据需要进行物料的提升、移动或放置。

（8）急停操作

紧急情况下，操作人员可以立即点击急停选项，使平台系统立即停止所有动作，保障人员和设备的安全。

3）自动控制界面

操作人员可以通过该自动控制界面启动平台的自动控制，相对于手动控制界面来说功能选项更加简洁，具体包括以下几点。

（1）自动横移功能

当操作人员按下横移选项时，系统自动完成下述动作：首先，平台外侧支架上升至特定位置，支架支脚偏转 90°，外侧支架横移到指定位置，支脚反向偏转 90°回零，外侧支架下降使支脚固定于跨越架钢管上。然后，平台内侧支架上升至特定位置，支脚偏转 90°，内侧支架横移到指定位置，支脚反向偏转 90°回零，内侧系统下降使支脚固定于跨越架钢管上。横移动作和定位均是系统按照预定程序自动完成实现。

（2）自动升降移动功能

以平台上升动作为例，当操作人员按下上升移动选项后，系统自动完成下述动作：首先，平台外侧支架上升至特定位置，支架支脚偏转90°，外侧支架继续上升至指定位置，支脚反向偏转90°回零，外侧支架下降使支脚固定于跨越架钢管上。然后，平台内侧支架上升至特定位置，支脚偏转90°，内侧支架上升到指定位置，支脚反向偏转90°回零，内侧支架下降使支脚固定于跨越架钢管上，上升动作由系统按预定程序自动完成实现。

（3）物料吊运

操作人员可以通过该选项启动平台系统的物料吊运功能，使系统自动进行物料的提升、移动或放置等操作，以满足特定的生产或工作需求。

自动控制界面使操作人员能够轻松地实现对平台系统的自动化操作，提高了跨越架搭设工作效率，同时也提升了系统的安全性和稳定性。

4）系统参数显示设置界面

状态信息显示主要用于监控升降平台中的电机参数变化、电机载荷、平台升降速度、升降位置、平台倾角以及其他信号，为了方便观察监控信号的变化，上述连续变化的信号可采用趋势曲线形式展现，并且设置载荷显示、电机速度位置显示、倾角显示等状态画面，让操作人员能够实时监控系统的工作状态。此外，还应具有报警处理画面、通讯状态显示画面，并在每个监控画面设置急停按钮与报警。一旦监测到系统出现故障或异常情况，立即发出警报信号，提醒操作人员注意并采取相应的应对措施，以保证系统的正常运行。

此外，为了应对各种工作环境变化、保证作业平台高效完成作业任务，需要具备对系统中关键组件参数进行调整的功能，包括以下几点。

（1）横移电机参数调整

操作人员可以通过此选项调节平台系统中负责横向移动的电机参数。这些参数包括电机转速和电机转矩，通过调节这些参数，操作人员可以优化平台横移操作的速度和力度，确保平台在横向移动时能够快速、精准地到达目标位置。

（2）纵移电机参数调整

此选项允许操作人员调节平台系统中负责纵向移动的电机参数。操作人员可以调整电机的转速和转矩，以实现平台纵向移动操作的平稳性和精准性，这对于平台需要完成垂直移动的任务尤其重要，例如，调整平台高度或者吊运物料。

（3）舵机参数调整

舵机参数调节选项允许对系统中的舵机进行参数调节。舵机在控制平台支脚的方向和角度时发挥重要作用。用户可以调整舵机的响应速度、灵敏度和角度范围，以确保平台系统的精准控制和稳定运行。

（4）倾角上下限、载荷上下限、位置上下限设定等

通过系统参数设置页面，可以根据实际需求对平台系统进行精细化的设置和优化，从而提高系统的控制性能、可靠性和适应性。

4.6.3　监控系统通信网络设计

工业控制网络作为特殊的网络直接面向生产过程，肩负着本平台运行中测量与控制信息传输的特殊任务。因此，通信网络需要具有强实时性、高可靠性、现场环境适应性以及供电等特殊性。目前基于S7-1200 PLC的通信协议主要有MPI、PROFIBUS、PROFINET、Ethernet网、ISO协议、ISO-ON-TCP、MODBUS等。通信方式主要有RS232C、RS422、RS485、AS-Interface电缆、RJ45等。

本智能移动平台通信网络要能够完成PLC与伺服驱动器之间的数据传输，上位机快速实现与PLC之间数据交换，以及对现场控制点各参数进行远程控制。因此，安全、快速、标准是平台通信方式的先决条件。PROFIBUS具有标准化的设计和开放的结构，是国际现场总线标准IEC61158（TYPE Ⅲ）和中华人民共和国国家标准《测量和控制数字数据通道 工业控制系统用现场总线 类型3：PROFIBUS规范》（GB/T 20540—2006）的重要组成部分。遵循着标准的设备，即使由不同的公司制造，也能够相互兼容通信。

PROFIBUS有三种协议，即PROFIBUS-FMS、PROFIBUS-DP、PROFIBUS-PA。PROFIBUS-FMS（FMS代表Field bus Message Specification）是PROFIBUS最早提出的一种复杂的通信协议，为要求严苛的通信任务所设计，适用在车间级通用性通信任务。PROFIBUS-DP（DP代表Decentralized Peripherals）于1993年提出，架构较简单，适用于工厂自动化，可以由中央控制器控制许多的传感器及执行器，也可以利用标准或选用的诊断机能得知各模块的状态。用在PROFIBUS主站和其远程从站之间的确定性通信最高传输速度可达12Mb/s，可实现远端数字量I/O、模拟量I/O数据传输。PROFIBUS-PA（PA代表Process Automation）应用在过程自动化系统中，由过

程控制系统监控量测设备控制，PROFIBUS-PA 的通信速率为 31.25kb/s。PROFINET 是新一代基于工业以太网技术的工业自动化通信标准，可以帮助用户解决实时的以太网、运动控制、故障安全及网络安全等问题。目前，PROFINET 主要支持以下三种通讯方式。

① TCP/IP 是针对 PROFINET CBA 及工厂调试用，其反应时间约为 100ms。② RT（实时）通信协定是针对 PROFINET CBA 及 PROFINET IO 的应用，其反应时间小于 10ms。③ IRT（等时实时）通信协定是针对驱动系统的 PROFINET IO 通信，其反应时间小于 1ms。

为实现控制系统中 PLC、伺服驱动器、上位机间的信息交互，对控制系统的通信网络进行设计。PLC 与上位机间通信网络的搭建只需在 TIA Portal 软件中将 PLC 需要显示的变量直接拖拽到上位机中并采用 PROFINET 通信完成 PLC 与上位机的外部连接即可，不再做详细说明。

在系统运行时，主 PLC 控制系统需要与伺服驱动器进行数据的交互和通信，以此来实现对电机的控制。伺服驱动器通过软启动的方式，使电机、舵机的启动电流从零开始变化，且最大值不会超过额定电流，这样就减轻了对电网的冲击和对供电容量的要求，延长了电机使用寿命。在本系统中，主 PLC 与伺服驱动器间通过 RS-485 通信板完成两者的数据交互。RS-485 通信的控制方式解决了开关信号控制方式的成本随 I/O 点数增加而增加的问题，同时也解决了模拟信号控制方式的稳定性和可靠性较差的问题，使得伺服驱动器与 PLC 间线路连接的复杂性降低，抗干扰能力增强。主 PLC 与伺服驱动器间的通信协议采用通用串行接口（Universal Serial Interface，Uss）协议，该协议是西门子公司专为驱动装置开发的通用通信协议。

第5章 跨越架地脚调整辅助作业装置

当搭设跨越架时，地形的高低差异可能导致跨越架的支撑点高度不一致，从而影响跨越架的水平度和稳定性。因此，需根据设计要求和现场条件对跨越架的地脚高度进行调整，目的是使跨越架能够适应地形的起伏，并保持平衡。通过调整地脚高度，可以使跨越架的支撑点与地面保持平行，从而提供稳定的支撑。而跨越架地脚高度的调整通常通过顺时针或逆时针方向旋转可调节底托上的螺母来实现，当前现场调节地脚高度都是通过作业人员手动旋转螺母来进行，耗时耗力且工作效率极低。因此，有必要寻求更有效的解决方案，设计一款电动扳手来自动调节跨越架地脚高度，以提高施工效率、减少人力成本。

5.1 电动扳手简介

在土木、机械、化工、铁路、电力等行业，扭矩扳手是必不可少的一种工具。它通过对不同型号的螺栓施加一定的预紧力进行拧紧，来保证机械结构之间连接的可靠性，确保其工作稳定正常。例如，对汽车、轮船、飞机、输电铁塔等零部件的连接与装配过程中，使用扭矩扳手对螺栓施加对应的扭矩，增加工件螺纹之间连接的紧密性与牢固性，可以有效地预防各工件之间因松动而产生的缝隙相对滑移，确保产品的质量与性能，保护工人与用户的人身安全。

不同工件在装配过程中所需要的螺栓拧紧力矩也不同。如果施加的预紧力过大，会使螺栓的疲劳强度降低，易于损坏，缩短使用寿命；而预紧力过小，则极易造成松动，引起工件之间连接的不可靠。所以，对工件所施加的预紧力必须在其规定范围内。在相应的产品加工或工程施工过程中，可以借助数控定扭矩扳手，通过控制扳手对工件输出的扭矩，进而控制工件预紧力的大小，从而保证工件之间连接的稳定可靠，同时也能减少工人工作的时长，提升工作的效率。因此，对于所用的电动扳手，要求其可以控制及显示扭矩的大小，精确地控制拧紧工件的扭矩值，保证预紧力的大小满足要求，保障产品设备的牢固可靠。

在如今的工业制造与生产过程中，传统的机械扳手仍在大量使用。究其原因，在于传统的机械式扭矩扳手具有成本低廉、牢靠耐用的特点。然而，传统的机械式扭矩扳手的控制精度不够，无法精确地控制扭矩，更不能显示实时输出的扭矩数值大小，因此，使用传统机械扳手进行生产时，无法保证施拧工件之间连接的牢固。随着工业制造与工程施工中的要求越来越高，传统机械扳手无法适应如今的工况，难以满足当前市场需求。

随着电气工程、自动控制、嵌入式系统、传感技术、电力电子等技术日新月异的高速发展，国内外的拧紧工具经历了从传统的机械式扳手，向着气动、液动、电动扭矩扳手发展的过程，逐步演变为具有噪声低、能源消耗小、控制精度高、操控性能强、便携性好等特点的数控拧紧工具。

数控定扭矩扳手是一种综合了机械设计、电气自动化控制、电力电子技术、传感检测技术、人机工程学等若干先进技术于一体的机电一体化电动设备。凡是在工程施工与工业生产过程中，对于连接件装配的扭矩或是角度具有精确要求的场合，就有数控定扭矩扳手发挥作用的空间。同时，数控定扭矩扳手使用非常简单便捷，工人无须过多学习即可上手操作，实用性极高。并且数控定扭矩扳手还有与其他自动化设备相结合的潜力，有助于促成工业生产装配时的全过程自动化，大大提高生产效率。

5.1.1 发展现状

螺栓拧紧技术始于国外，1942 年，为了满足汽车制造业和军工的需求，英国的 Norbar 公司成为了首个电动扳手的制造商，为劳斯莱斯公司制造了世界首个可控制扭矩的拧紧扳手，标志着螺栓拧紧工具和扭矩测量仪器制造业的诞生。

随着微处理器和集成电路技术的进步，电动扭矩扳手逐渐替代了传统的机械扳手。一些国外领先的装配工具制造商抢占市场先机，推出了集扭矩可控、数字显示和通信功能于一身的电动扭矩扳手。自 20 世纪 90 年代起，国外在机电、建筑、航天、石化等行业广泛采用了这些可控扭矩、转角和屈服点的电动扳手。这些工具的制造技术已相当成熟，大多数厂商使用扭矩传感器来监测输出扭矩，并通过微处理器来精确控制。虽然各厂商生产的扳手在硬件配置上相似，但在软件编程、控制精度和扭矩范围上有所区别。经过数十年的发展，现代电动扳手已经具备了低功耗、高精度、测量范围广等优势。

目前，全球领先的电动扭矩扳手制造商主要集中在英国、德国、美国、瑞典、法国和日本。具体包括英国的 Norbar、德国的 ALKITRONIC 和 GEDORE、美国的 BOSCH 和 Cooper、瑞典的 Atlas Copco、法国的 CP-Georges Renault，以及日本的 HITACHI 和 MAKITA 等公司。针对这些公司生产的若干标志性电动扭矩扳手产品，具体如表 5-1 所示。

表 5-1　电动扳手代表性产品

型号	企业	扭矩范围及精度	功能
EvoTorque2	英国 Norbar	200～7000N・m ±3%	独立温控电机；声光报警；LCD 显示
EFCIP	德国 ALKITRONIC	60～6500N・m ±2%	扭矩＋角度控制；LED 显示；温控保护
REM-A	美国 GNOEU	100～12000N・m ±3.5%	LCD 数显；高/低速切换；双重过载保护
ST Revo HA	瑞典 Atlas Copco	390～8000N・m ±3%	扭矩＋角度控制；360°旋转反力臂；可拆卸式套筒

我国对螺栓拧紧工具的研究起步较晚，在螺栓拧紧工具领域的研发起步于 20 世纪 60 年代，初代产品主要依靠齿轮减速机制提升扭矩，运用转角法实现螺栓紧固，但未能实现扭矩值的预设，仅能输出最大扭矩，因此工作流程繁杂且拧紧精度不高。到了 20 世纪 80 年代，随着高强度螺栓制造技术的进步和九江长江大桥等项目的特殊需求，山东电动工具厂和原铁道部科学研究院等单位联合开发了第二代螺栓拧紧工具。这一代工具通过监测电机电流实现扭矩监控，误差控制在 5%以内，最大扭矩达到 2000N・m。尽管如此，设备在使用前需进行标定，拧紧效果存在变异性，与国际产品相比功能和可靠性较为有限。

近年来，伴随计算机控制技术和传感器技术的发展，中国研发出第三代螺栓拧紧工具。这一代工具采用高精度扭矩传感器，不仅可以设置、显示、记录扭矩，还实行了“扭矩控制＋转角监控”的策略，有效减少了螺栓拧紧过程中螺栓“欠拧紧”和“超拧紧”的问题。目前，中国正在研发第四代螺栓拧紧工具，该工具将采用多个传感器收集运行数据，不仅能设置、显示、记录预紧力，还能根据不同的工况调整系统参数，实现对螺栓预紧力的精细控制。

尽管与国际相比，中国在螺栓紧固技术方面可能有些许滞后，但国内工业生产对用于螺栓紧固工作的电动扳手需求却十分庞大，这导致国内市场需要投入大量资金采购国外的电动扳手。近些年，为了提升国内生产的质量和效率，增强在国际市场的竞争力，中国不断提高对高质量产品和高效生产流程的追求，对电动扳手的需求也随之增加。在这一趋势的推动下，国内已经涌现出众多专注于电动扭矩扳手研发与生产的机构和企业，包括中国科学院沈阳自动化研究所、上海市工具工业研究所、威海泽威电动工具制造有限公司、上海虎啸电动工具、山东汉普、陕西恒瑞测控、北京纽利德等，它们正为推动国内螺栓紧固技术的进步和自动化工具的普及贡献力量。

山东汉普机械工业有限公司生产的电动扭矩扳手在性能上表现出色，其控制扭矩范围广泛，从100～1000N·m，且具有±3%的高控制精度。它配备了数字显示控制器，能够在作业开始前设置所需的扭矩值。当达到该扭矩值时，机器会自动停止旋转并记录扭矩读数。此外，该扳手舍弃了电动正反转的设计，转而采用机械式正反转机制，有效降低了电机的损耗，从而提升了设备的可靠性。它体积紧凑、重量轻巧且动力充沛，极大地降低了操作的劳动强度，这也是其显著的优势之一。

上海虎啸电动工具公司推出的电动扭矩扳手系列具备可调扭矩功能，该系列产品内置传感器以收集数据，并能在达到预设扭矩值时自动终止操作，确保拧紧作业的完成。其控制精度达到±5%，并配置了Z字形反力臂和减速机构，使扭矩控制区间介于1000～3000N·m。其中，T系列电动扭矩扳手可实现最高10000N·m的扭矩控制。此外，该公司设计的TD系列电动数显扭矩扳手装备了高精度扭矩传感器和实时扭矩显示屏，能精确检测和展示扭矩值，有效替代液压扳手和手动数显扭矩扳手，显著提高了安装作业的效率。

陕西恒瑞公司推出的HR1D系列数控电动扳手包含数控定扭矩型和数控定转角型两种模式。定扭矩型电动扳手装备了扭矩和转角传感器，并运用了尖端的单片机技术，能够设定目标扭矩值。当工具达到设定扭矩时，它会自动停止作业，并展示实际扭矩的最大值。该款扳手还具备转角监测功能，扭矩控制精度达到±5%，可控制的扭矩范围为400～2100N·m。

定转角型电动扳手同样内嵌扭矩和转角传感器，支持预设起始扭矩和转角值。该工具在达到预设的起始扭矩后开始计算转角，当转角达到设定值时，工具会自动停止，并显示当前转角。此型号扳手亦具备扭矩监控功能，其转角控制范围在 0～999°。

总体而言，中国在电动扭矩扳手研发领域已日渐成熟，正向着标准化和规模化方向迈进。目前国产拧紧扳手的精度控制大约在±5%范围内，已具备定扭矩、数字显示、数据记录等多项功能，逐步缩小与国际产品的差距。尽管如此，相较于国际市场，国内产品在核心竞争力上仍有所欠缺，市场占有率有待提升。在实际应用中，国内生产的螺栓拧紧工具在稳定性方面与国际同类产品相比存在明显差异，其可控扭矩范围和重复精度的提升仍是未来发展的关键。

5.1.2　电动扳手控制原理

电动扳手的控制原理非常简单，核心就在于电机的使用。电机有多种不同的类别，可以根据不同的标准进行分类。比如，通过使用的电源类型，可以分为直流电机与交流电机；通过产生磁场的方式，可以分为励磁电机与永磁电机；通过电机内部是否使用刷子和换向器，可以分为有刷电机与无刷电机。下面，将对这些常见的电机及其特点进行对比介绍。

直流电机：使用直流电作为动力源，这类电机的速度调节相对简单，可以通过改变电源电压或改变电机内的磁场强度来实现，它们提供良好的启动扭矩和平滑的速度调节范围，由于含有换向器和刷子，需要定期维护，但在低速下提供的性能可能优于交流电机。

交流电机：使用交流电作为动力源。这类电机通常结构更为简单，特别是异步电机，不含有刷子和换向器，因此维护需求较低。它们适用于各种功率需求，尤其是高功率应用，但在精确速度控制方面可能不如直流电机。

永磁电机：使用永磁体产生磁场，这些电机效率高、体积小、重量轻，因为它们不需要外部电源进行励磁。虽然成本可能相对较高，但在需要小型化和高效率的应用中非常适用。

励磁电机：通过电磁线圈产生磁场，这种电机可以调节磁场强度，适应性强，适用于需要大范围调节速度和扭矩的应用。虽然结构比永磁电机复杂，但可以产生更大的扭矩，适合大型和重载应用。

有刷电机：含有刷子和换向器。这些电机成本较低，制造简单，但需要定期维护和更换刷子。它们在运行过程中可能会产生噪声和火花，适用于成本敏感和不太复杂的应用。

无刷电机：不含有刷子和换向器，通常需要电子控制器来控制。它们的维护需求低，效率高，寿命长，运行平稳，噪声小，非常适合需要高性能和长期稳定运行的应用。

在研究与开发便携式数控定扭矩扳手产品时，对扭矩的精确测量与控制至关重要。市面上一般使用如下三种不同的方法来控制电动扳手的扭矩输出。

第一种普遍方法是依据操作的时间长度或冲击次数来估计并控制扭矩。这种方式的优势在于其结构简单，成本低廉，但其明显的缺点是扭矩控制的精度较低和重复性较差。此外，这种方法可能会导致电机的过度磨损，从而缩短电动扳手的整体使用寿命。

第二种控制方法是在扳手的输出端安装扭矩测量装置，以便能够更精确地监控和控制扭矩输出。这种方法可以显著提高扭矩控制的准确性，但也带来了一些不利的影响，比如增加了电动扳手的体积和重量，使得设备变得笨重，并限制了与其他工具如棘轮的兼容性。此外，由于需要使用专门的扭矩测量设备，这种方法通常成本较高，且由于其结构的限制，扳手头部的机械结构难以更换，导致应用场景的局限性和价格昂贵，性价比较低。

第三种方法则是通过测量和控制驱动电机的电流来调节扭矩输出。电机的电流与其输出的扭矩之间有一定的相关性，通过精确控制电机电流，可以间接控制扳手输出的扭矩，从而达到所需的精度。这种方法避免了使用昂贵且复杂的扭矩传感器，降低了整体硬件成本。同时，这种控制方式简化了控制系统的设计，增加了工具的便携性和灵活性，适合在多变的工作环境中使用。因此，电流控制方法因其成本效益高和操作便利性而受到许多工业应用的青睐。

目前，常用的拧紧控制方案主要有扭矩法、扭矩/转角法、屈服点法以及螺栓伸长量法。

1. 扭矩法

扭矩法是最早起步的螺栓拧紧控制方案，由于其实现简便、精度可观等特点，成为最广泛的一种螺栓拧紧方案。它利用螺栓在弹性区域内螺栓预紧力 F 与被施加扭矩 T 成正比实现螺栓拧紧控制。拧紧过程中，螺栓预紧力 F 与施加扭矩 T 之间的关系如式（5.1）所示：

$$T=k_t dF \tag{5.1}$$

式中　k_t——螺栓拧紧系数；

d——螺栓的公称直径。

螺栓拧紧系数 k_t 由螺栓与螺母之间的摩擦阻力决定，螺栓、螺母接触面的清洁度、加工工艺、润滑状况都对其有影响，一般在 0.1～0.3。螺栓拧紧过程中，拧紧扭矩的 90%左右用于克服摩擦阻力做功，最终转化为螺栓预紧力的大约只有 10%，且对于同一螺栓拧紧，由于每次螺纹表面的摩擦系数变化，导致螺栓预紧力有一定的离散性，两次拧紧的螺栓预紧力最大误差达到 25%左右，主要应用于普通螺栓拧紧的工况，不适用于精密装配。

2. 扭矩/转角法

扭矩/转角法利用螺栓转动角位移量会导致螺栓产生一定伸长量，从而产生预紧力使得连接件之间紧密连接。在使用扭矩/转角法紧固螺栓时，首先需要给螺栓一定的扭矩使得螺栓到达贴合点，贴合扭矩一般为所需拧紧扭矩的 25%左右，用于克服螺栓表面不光洁、工艺瑕疵等造成的摩擦阻力。

1940 年，美国学者通过研究螺栓预紧力与螺栓转动角度的关系，提出了扭矩/转角法对螺栓预紧力进行控制，经过大量的实验论证与研究，1960 年制定了一系列标准。扭矩/转角法应用场景分为两种，一种是在螺栓弹性范围内进行拧紧，它的原理是基于螺栓在弹性范围内，螺栓预紧力 F 与螺栓转动角度 θ 成正比，可用式（5.2）表达：

$$F=\frac{cp\theta}{360^o}=\frac{c_m c_b p\theta}{[360^o(c_m+c_b)]} \tag{5.2}$$

式中　c_m——连接件刚度；

c_b——螺栓刚度；

c——系统刚度。

另一种则是通过转动螺栓一定角度将其拧紧至塑形区，大量实验验证螺栓在到达塑形区域时预紧力仍会继续提高，螺栓材料在塑形区域还有相当大的潜力，在塑形区域螺栓的预紧力 F 只与材料的屈服强度 δ 有关，可用式（5.3）表达：

$$F=\frac{\delta A_s}{\sqrt{1+3\left[\frac{2}{d_s}\left(\frac{p}{\pi}+\mu_s d_2 \sec\alpha'\right)\right]^2}} \tag{5.3}$$

式中 A_s——螺栓应力面积；

μ_s——螺纹摩擦系数；

d_s——等效螺纹直径。

使用扭矩/转角法进行螺栓拧紧时，只在贴合阶段受到连接件之间的摩擦力变化影响，与扭矩法相比，其离散性较低，且在精度上有了很大程度的提高，拧紧质量稳定，在螺栓的弹性区、塑形区均能进行螺栓拧紧控制，但拧紧设备较为昂贵、操作烦琐，一般应用于发动机螺栓等精密装配场景。

3. 屈服点法

屈服点法是基于监测扭矩/转角增量比(d_T/d_θ)的变化，将螺栓拧紧至螺栓屈服点附近的拧紧方案。屈服点法是对扭矩/转角法的一种改进，它充分发挥了螺栓强度的潜力，使得抗松动和抗疲劳性能较好。屈服点法在拧紧螺栓过程中，通过传感器接入计算机对螺栓拧紧扭矩和转动角度进行监测、分析，绘制出屈服点法螺栓拧紧曲线如图 5-1 所示。

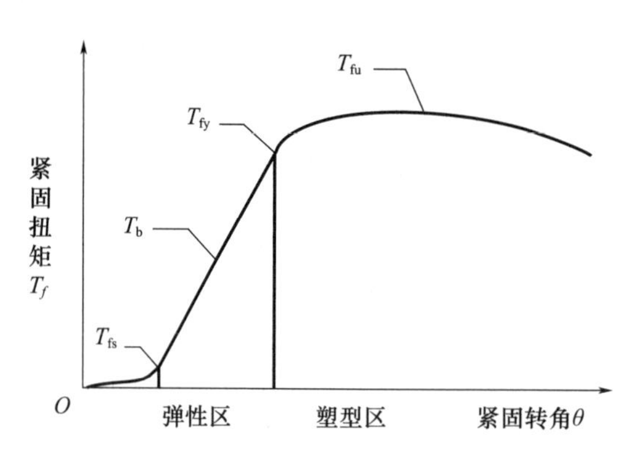

图 5-1 屈服点法螺栓拧紧曲线

当扭矩/转角增量比(d_T/d_θ)下降至弹性区域 1/3～1/2 时，螺栓达到屈服点T_{fu}处完成螺栓拧紧工作。使用屈服点法拧紧螺栓时，对预紧力控制精度能控制在±4%以内，且离散性低，但对材料表面粗糙度、加工工艺、螺栓材料一致性有较高的要求。

4. 伸长量法

伸长量法通过直接测量螺栓伸长量 Δl 实现螺栓预紧力 F 的控制方案，原理基于螺栓伸长量 Δl 只与螺栓所受预紧力 F 成正比，可用式（5.4）表达：

$$F=\frac{\Delta l}{L}EA \tag{5.4}$$

式中　E——材料的弹性模量；

A——螺栓截面积。

从式（5.4）可以看出螺预紧力只与弹性模量 E 和螺栓截面积 A 相关，与上述的扭矩法、扭矩/转角法以及屈服点法相比，使用伸长量法进行螺栓拧紧时，不受连接件摩擦系数、连接件发生形变等影响，只与螺栓材料工艺相关，因此，伸长量法具有较高精度和极低离散性的特点。

5.2　电动扳手控制系统方案设计

本电动扳手用于跨越架地脚高度的调整，即通过顺时针或逆时针方向旋转可调节底托上的螺母来实现。下面，将根据功能需求设计本地脚调整辅助作业装置控制方案。

首先，分析电动扳手控制系统的原理，并建立预紧力和输出扭矩间的数学关系。通过深入研究预紧力与拧紧力矩的相互作用，揭示如何精确地控制电动扳手以达到所需的扭矩输出，提出一种基于“转速差”法的定扭矩控制方案。然后，根据电动扳手实际作业需求，制订扳手机械结构方案。最后，根据实际作业需求分析电动扳手需要实现的功能，依据数学模型并结合先进智能控制方法，确定控制系统的总体控制方案，确保扳手能够准确输出扭矩并稳定运行。

5.2.1　电动扳手控制系统建模分析

为了保障电动扳手可靠稳定运行，需要建立定扭矩拧紧扳手控制系统的数学模型。首先，分析预紧力与拧紧力矩的数学模型，通过分析电机的机械特性，提出一种基于电机转速差的扭矩控制方案，建立系统拧紧力矩与电机转速差的数学模型；然后，通过“转化机构”的思想计算出齿轮系统传动比；最终，得到电动扳手控制系统的数学模型。

1. 预紧力与拧紧力矩的数学模型分析

由机械原理可知，预紧力的大小需根据螺栓组受力的大小和连接的工作要求决定。设计时首先保证所需的预紧力，又不应使连接结构的尺寸过大，预紧力一般小于螺栓材料屈服点的80%，预紧力F'计算公式为：

$$F'=k\delta_s A_s \tag{5.5}$$

式中　δ_s——螺栓材料的屈服点；

A_s——螺栓公称应力截面积。

$$A_s=\frac{\pi}{4}\left(\frac{d_2+d_3}{2}\right)^2 \tag{5.6}$$

$$d_3=d_1-\frac{H}{6} \tag{5.7}$$

式中　H——螺纹的原始三角形高度。

在螺栓连接过程中，拧紧力矩 T 一部分用于克服螺母与被连接件支承面之间摩擦阻力力矩T_1，可用式（5.8）表述：

$$T_1=\frac{F'\mu}{3}\times\frac{D_w^3-d_0^3}{D_w^2-d_0^2} \tag{5.8}$$

式中　F'——预紧力；

μ——螺母与被连接件支承面间的摩擦因数；

D_w——螺母的支承面外径；

d_0——螺栓的支承面内径。

另一部分用于克服螺栓内侧阻力力矩 T，可用式（5.9）表述：

$$T_2=F'\tan(\phi+\rho_v)\frac{d_2}{2} \tag{5.9}$$

式中　d_2——螺纹中径；

ϕ——螺纹升角；

ρ_v——螺纹当量摩擦角，$\rho_v=\arctan\mu_v$；

μ_v——螺纹当量摩擦因数。

则拧紧力矩 T：

$$T=T_1+T_2 \tag{5.10}$$

将式（5.8）和式（5.9）代入式（5.10）得拧紧力矩 T：

$$T=\frac{F'\mu}{3}\times\frac{D'_w-d'_0}{D'_w-d'_0}+F'\tan(\phi+\rho_v)\frac{d_2}{2} \tag{5.11}$$

设拧紧力矩系数为k_t，其值为：

$$k_t=\frac{\mu}{3d}\times\frac{D_w^3-d_0^3}{D_w^2-d_0^2}+\tan(\phi+\rho_v)\frac{d_2}{2d} \tag{5.12}$$

得到预紧力与拧紧力矩的数学模型为：

$$T=k_t dF \tag{5.13}$$

当量摩擦因数μ_v为 0.10～0.20 时，取 0.15。通常情况下，拧紧力矩系数k_t值取决于螺母与支承面之间的摩擦因数μ和螺纹当量摩擦因数μ_v，螺栓的尺寸大小对k_t的影响很小，机械中常令$\mu=\mu_v=\mu'$，该条件近似符合实际工程情况，进一步简化公式：

$$T=1.25\mu' d F' \tag{5.14}$$

式中，若$\mu\neq\mu_v$时，取$\mu'=1/2(\mu+\mu_v)$。

在电动扳手控制系统中，使用直流有刷电机作为驱动源件，为扳手提供扭矩输出，施加拧紧力矩。所以若要精确地控制拧紧力矩，需要对直流有刷电机的工作原理进行分析，确定扭矩控制方式。

2. 拧紧力矩与转速差的数学模型分析

电机的电气原理如图 5-2 所示，其特点是电枢绕组与励磁绕组串联，于是有$I_a=I_s=I_1$。电机的固有机械特性是指，在$U_1=U_N$且电枢回路的外串电阻$R_1=0$条件下，转速与电磁转矩之间的关系曲线$n=f(T_{em})$。

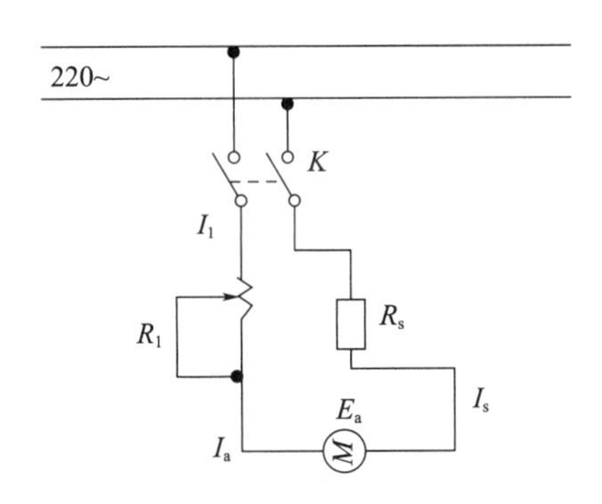

图 5-2　电机原理图

根据电机的特点，利用基尔霍夫电压定律（KVL），得其电势平衡方程式为：

$$U_1=E_a+R_a I_a+R_s I_a=E_a+(R_a+R_s)I_a \tag{5.15}$$

式中　I_a——电枢绕组电流；

I_s——励磁绕组的电流；

R_s——串励绕组的电阻。

当串励电机磁路未饱和、负载较小时，由式（5.15）得$\varphi=K_f I_f$。此时，电机电动势、电磁转矩可由式（5.16）、（5.17）表示：

$$E_a = C_e n\varphi = C_e K_f I_f n = C'_e n I_a \tag{5.16}$$

$$T_1 = C_T \varphi I_a = C_T K_f I_a I_a = C'_T I_a^2 \tag{5.17}$$

上式中，$C'_e = C_e K_f$、$C'_T = C_T K_f$。将式（5.15）代入式（5.16）得转速特性为：

$$n = \frac{U_1}{C'_e I_a} - \frac{R_a + R_s}{C'_e} \tag{5.18}$$

由式（5.18）可知，转速与电流函数图像为双曲线，将式（5.17）代入式（5.18）得到电机的固有机械特性函数关系，可用式（5.19）表示。

$$n = \frac{E_a}{C_e \Phi} = \frac{\sqrt{C'_T}}{C'_e} \frac{U_1}{\sqrt{T_1}} - \frac{R_a + R_s}{C'_e} \tag{5.19}$$

根据上式（5.19）绘制出电机的固有机械特性曲线如图 5-3 所示。

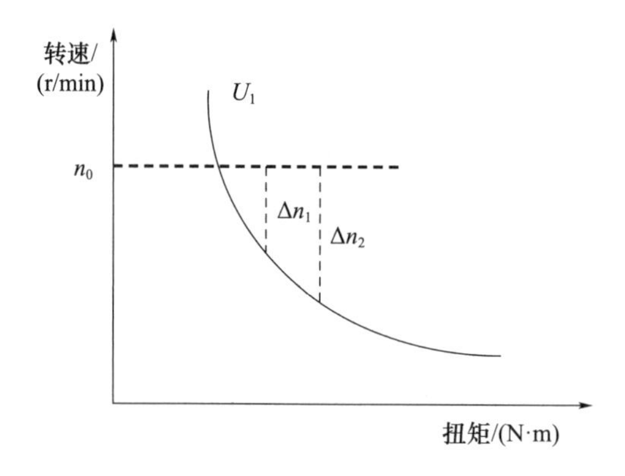

图 5-3　串励电机机械特性

其中，n_0为电机在工作电压U_1下的初始转速，随着电压U_1升高，电机的初始转速n_0也升高，转速差 Δn 范围与扭矩范围也随之增大。从图 5-3 中可以看出，随着转速差 Δn 逐渐增大，扭矩值T_1也逐渐增大，两者存在正比关系，暂且用式（5.20）表达：

$$T_1 = f(\Delta n) \tag{5.20}$$

通过行星轮系减速器可将电机从低扭矩、高转速的状态转化为高扭矩、低转速，从而满足电动扳手高扭矩的设计需求，行星轮系降低转速、升高扭矩的原理如下。

由机械原理得，电机输出的扭矩T_1可用式（5.21）表示。

$$T_1 = Fl \tag{5.21}$$

式中　F——作用在力臂上的力；

l——力臂的长度。

依据电机学理论得到电机功率 P 为：

$$P=Fv=Tw \tag{5.22}$$

式中　v——齿轮的线速度；

w——齿轮旋转的角速度。

由能量守恒定律，电机的功率 P 是恒定不变的，得到式（5.23）。

$$T_1w_1=T_2w_2 \tag{5.23}$$

式中　T_1——行星轮系输入端扭矩值；

T_2——行星轮系输出端扭矩值；

w_1——行星轮系输入端角速度；

w_2——行星轮系输出端角速度。

由上式（5.23）得，行星轮系输出的扭矩与转速成反比，则电机输出的扭矩值可用式（5.24）表示。

$$T_2=\frac{w_2}{w_1}T_1 \tag{5.24}$$

在齿轮传动系统中$\frac{w_2}{w_1}$被称为传动系统的传动比，令$\frac{w_2}{w_1}$等于传动比i_p，得到系统输出扭矩T_2如公式（5.25）。

$$T_2=i_pT_1 \tag{5.25}$$

3. 行星轮系输出扭矩的数学模型分析

齿轮传动系统在机械设备和工业生产中有着广泛的应用，比如汽车、机床、飞机、大型起重设备、建筑器械、冶金采矿机械、仪器仪表中均装配有齿轮传动系统，用于机械设备的减速、变速、增速等用途。

根据齿轮传动系统的各齿轮几何轴线的位置是否固定不变，可将齿轮传动系统分类成定轴轮系和行星轮系两大类，行星轮系结构如图 5-4 所示。行星轮系由齿轮 a、b、c 和构件 x 组成，齿轮 a、b 和构件 x 围绕主轴$\overline{OO}$做自转运动，齿轮 c 围绕着轴线O_c做自转的同时，和构件 x 一起围绕主轴$\overline{OO}$做公转，齿轮因此被称为行星轮，该齿轮传动系统被称为行星轮系。

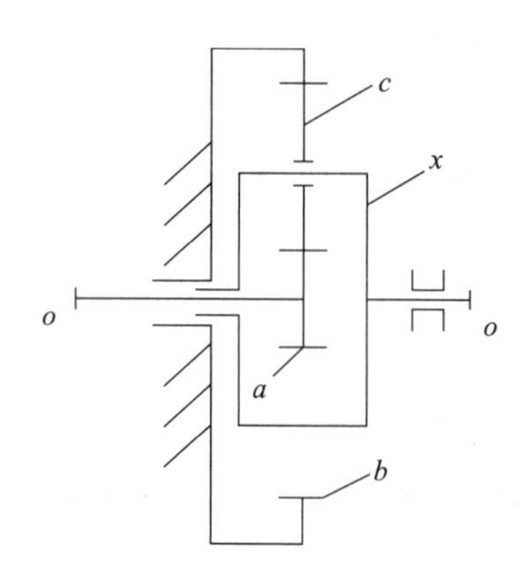

图 5-4　行星轮系结构图

由式（5.24）得知，若已知行星轮系的传动比i_p，则能计算出系统输出扭矩T_2，下面采用“转化机构”法计算行星轮系传动比i_p。假设行星轮系的组成件 X、Y、Z 围绕几何轴线自转角速度分别为w_x、w_y、w_z。则构件 X、Y 相对构件 Z 的角速度之比为：

$$\frac{w_x - w_z}{w_y - w_z} = i_{XY}^{Z} \tag{5.26}$$

同理，可得构件 X、Z 相对构件 Y 运动时的角速度之比为：

$$\frac{w_x - w_y}{w_z - w_y} = i_{XZ}^{Y} \tag{5.27}$$

将式（5.26）和式（5.27）相加并交换得到行星轮系运动学中的普遍关系式：

$$i_{XZ}^{Y} = 1 - i_{XY}^{Z} \tag{5.28}$$

进一步，得到任意齿轮构件的计算公式：

$$w_x = i_{XY}^{Z} w_y + i_{XZ}^{Y} w_z \tag{5.29}$$

在 2Z-X 型行星轮系中，构件 a、b、x 的角速度为w_a、w_b、w_x，可得到行星轮系的角速度关系为：

$$\begin{cases} w_a = i_{ab}^{x} w_b + i_{ax}^{b} w_x \\ w_b = i_{ab}^{x} w_a + i_{bx}^{a} w_x \\ w_c = i_{xa}^{b} w_a + i_{xb}^{a} w_b \end{cases} \tag{5.30}$$

在行星轮系中，有$i_{ab}^{x} = -\frac{z_b}{z_a} = -p$ 和$i_{ba}^{x} = \frac{1}{i_{ab}^{x}} = -\frac{1}{p}$，可得到如下关系式。

$$\begin{cases} i_{ax}^{b}=1-i_{ab}^{x}=1+p \\ i_{xa}^{b}=\dfrac{1}{i_{ax}^{b}}=\dfrac{1}{1+p} \\ i_{bx}^{a}=1-i_{ab}^{x}=\dfrac{1+p}{p} \\ i_{bx}^{a}=\dfrac{1}{i_{bx}^{a}}=\dfrac{p}{1+p} \end{cases} \tag{5.31}$$

式中，行星轮系的内齿轮 b 和中心轮 a 的齿轮比，称为行星轮系的特征参数。

由式（5.30），得到如下行星轮系运动学方程式。

$$\begin{cases} w_b+\dfrac{1}{p}w_a-\dfrac{1+p}{p}w_x=0 \\ w_a+p\,w_b-(1+p)w_x=0 \\ w_x-\dfrac{1}{1+p}w_a-\dfrac{p}{1+p}w_b=0 \end{cases} \tag{5.32}$$

令行星轮系的齿轮 b 固定，则有 $w_b=0$，由式（5.30）得：

$$w_a=(1+p)w_x \tag{5.33}$$

当中心轮 a 输入时，则得到行星轮系传动比为：

$$i_p=i_{xa}^{b}=\frac{w_x}{w_a}=1+p \tag{5.34}$$

由上式得到行星轮系输出端扭矩值 T_2：

$$T_2=(1+p)f(\Delta n)\eta \tag{5.35}$$

式中　n——行星轮系的传动效率。

4. 齿轮传动系统的数学模型分析

由于本电动扳手机械结构涉及齿轮传动，而齿轮传动系统的工作状态较为复杂，不仅载荷工况和动力装置会对系统引入外部激励，而且齿轮副本身的时变啮合刚度和误差也会对系统产生内部激励。加之，由于齿轮传动过程中的磨损，也不可避免地在齿轮副中造成间隙。这种由间隙引发的冲击带来的强烈振动、噪声和较大的动载荷，严重影响电动扳手的寿命和可靠性。因此，有必要对齿轮传动系统的动力学模型进行分析，进而指导齿轮组设计工作。

1）不考虑齿面摩擦时的分析模型

在不考虑齿面摩擦情况下，典型两圆柱齿轮啮合动力学模型如图 5-5 所示。

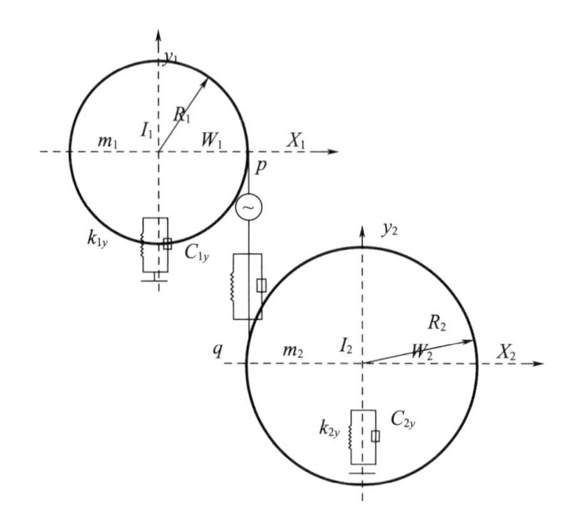

图 5-5　不考虑摩擦时的齿轮系统模型

可以看出，这个齿轮动力学模型是一个二维平面系统，由于不考虑齿面摩擦，齿轮的动态啮合线沿啮合线方向作用，各自由度分别为主、被动齿轮绕旋转中心的转动自由度和 y 方向的平移自由度，设这 4 个自由度的位移分别θ_1、θ_2、y_1、y_2，则系统的广义位移列阵可表示为：

$$\{\delta\}=\{y_1 \quad y_2 \quad \theta_1 \quad \theta_2\}^{\mathrm{T}} \tag{5.36}$$

这样若点 P、Q 沿 y 方向的位移分别为$\overline{y}_1$、$\overline{y}_2$，则他们与系统位移间的关系可表示为：

$$\overline{y}_1=y_1+R_1\theta_1 \tag{5.37}$$

$$\overline{y}_2=y_2-R_2\theta_2 \tag{5.38}$$

式中　R_1——主动齿轮的基圆半径；

R_2——被动齿轮的基圆半径。

而合齿轮间的弹性合力F_k和粘性啮合力F_c则可以分别表示为：

$$F_{\mathrm{k}}=k_{\mathrm{m}}(\overline{y}_1-\overline{y}_2-e)=k_{\mathrm{m}}(y_1-y_2+R_1\theta_1+R_2\theta_2-e) \tag{5.39}$$

$$F_{\mathrm{c}}=c_{\mathrm{m}}(\overline{y}_1-\overline{y}_2-\dot{e})=c_{\mathrm{m}}(\dot{y}_1-\dot{y}_2+R_1\dot{\theta}_1+R_2\dot{\theta}_2-\dot{e}) \tag{5.40}$$

式中　k_m——齿轮副啮合综合刚度；

c_m——齿轮副啮合综合阻尼。

因此，作用在主、被动齿轮上的齿轮动态啮合力F_1和F_2分别为：

$$F_1 = F_k + F_c \tag{5.41}$$

$$F_2 = -F_p = -(F_k + F_c) \tag{5.42}$$

由上述各式可以看出，转动自由度和平移自由度分别耦合在弹性合力方程和粘性啮合力方程中，这种现象称为具有弹性耦合和粘性耦合，且由于这种耦合是齿轮的相互啮合引起的，使得齿轮在扭转与平移相互影响。此外，在一般情况下，由于阻尼力的影响比较小，分析中常略去啮合耦合中的粘性耦合。

根据上述分析，可推得系统的分析模型为：

$$\begin{cases} m_1\ddot{y}_1 + c_1\dot{y}_1 + k_{1y}y_1 = -F_1 \\ I_2\ddot{\theta} = -F_1R_1 - T_1 \\ m_2\ddot{y}_2 + c_{2y}\dot{y}_2 + k_{2y}y_2 = -F_2 = F_1 \\ I_2\ddot{\theta}_2 = -F_2R_2 - T_2 = F_1R_2 - T_1 \end{cases} \tag{5.43}$$

将以上各式代入此方程可得：

$$\begin{cases} m_1\ddot{y}_2 + c_{1y}\dot{y}_1 + k_{1y}y_1 = -c_m(\dot{y}_1 + R_1\dot{\theta}_1 - \dot{y}_2 + R_2\dot{\theta}_2 - \dot{e}) - k_m(y_1 + R_1\theta_1 - y_2 + R_2\theta_2 - e) \\ I_1\ddot{\theta}_1 = -[c_m(\dot{y}_1 + R_1\dot{\theta}_1 - \dot{y}_2 + R_2\dot{\theta}_2 - \dot{e}) + k_m(y_1 + R_1\theta_1 - y_2 + R_2\theta_2 - e)]R_1 - T_1 \\ m_2\ddot{y}_2 + c_{2y}\dot{y}_2 + k_{2y}y_2 = c_m(\dot{y}_1 + R_1\dot{\theta}_1 - \dot{y}_2 + R_2\dot{\theta}_2 - \dot{e}) + k_m(y_1 + R_1\theta_1 - y_2 + R_2\theta_2 - e) \\ I_2\ddot{y}_2 = [c_m(\dot{y}_1 + R_1\dot{\theta}_1 - \dot{y}_2 + R_2\dot{\theta}_2 - \dot{e}) + k_m(y_1 + R_1\theta_1 - y_2 + R_2\theta_2 - e)]R_2 - T_2 \end{cases} \tag{5.44}$$

式中　m_1——主动轮的质量；

m_2——从动轮的质量；

I_1——主动轮的转动惯量；

I_1——从动轮的转动惯量；

c_{1y}——主动轮的动轮平移阻尼系数；

c_{2y}——从动轮的动轮平移阻尼系数；

k_{1y}——主动轮的刚度系数；

k_{2y}——从动轮的刚度系数。

经整理可得方程的矩阵形式为：

$$[m]\{\ddot{\delta}\}+[c][\dot{\delta}]+[k]\{\delta\}=\{p\} \tag{5.45}$$

$$[m]=\begin{bmatrix} m_1 & & & 0 \\ & I_1 & & \\ & & m_2 & \\ 0 & & & I_2 \end{bmatrix} \tag{5.46}$$

$$[c]=\begin{bmatrix} c_{1\mu}+c_m & c_mR_1 & -c_m & c_mR_2 \\ c_mR_1 & c_mR_1^2 & -c_mR_1 & c_mR_1R_2 \\ -c_mR_1 & c_mR_1 & c_m+c_2 & -c_mR_2 \\ -c_mR_2 & -c_mR_1R_2 & c_mR_2 & -c_mR_2^2 \end{bmatrix} \tag{5.47}$$

$$[k]=\begin{bmatrix} k_{1\mu}+c_m & k_mR_1 & -k_m & k_mR_2 \\ k_mR_1 & k_mR_1^2 & -k_mR_1 & k_mR_1R_2 \\ -k_m & -k_mR_1 & k_m+c_{2v} & -k_mR_2 \\ -k_mR_2 & -k_mR_1R_2 & k_mR_2 & -k_mR_2^2 \end{bmatrix} \tag{5.48}$$

$$\{p\}=\begin{Bmatrix} c_m\dot{e}+k_me \\ c_m\dot{e}R_1+k_meR_1-T_1 \\ -c_m\dot{e}R_2-k_me \\ -c_m\dot{e}R_2-k_meR_2-T_2 \end{Bmatrix} \tag{5.49}$$

2）考虑齿面摩擦时的分析模型

考虑齿面摩擦的影响时，还必须考虑齿轮在垂直于合线方向的平移自由度时的系统是 6 个自由度的二维平面系统，其中 4 个平移自由度和 2 个转动自由度，系统的广义位移列阵可表示为：

$$\{\delta\}=\{y_1\quad x_1\quad \theta_1\quad y_2\quad x_2\quad \theta_2\} \tag{5.50}$$

与不考虑齿面摩擦时的情况一样，齿轮的动态合力可以表示为：

$$F_1=k_m(y_1+R_1\theta_1-y_2+R_2\theta_2-e)+c_m(\dot{y}_1+R_1\dot{\theta}_1-\dot{y}_2+R_2\dot{\theta}_2-e) \tag{5.51}$$

故齿面间的摩擦力可以近似表示为：

$$F_f=\lambda fF_1 \tag{5.52}$$

式中 f——等效摩擦系数；

λ——齿轮摩擦力方向稀疏。

F_f沿 x 正方向时取为“+1”，反之取为“−1”。

可得出系统的动力学分析模型为：

$$
\begin{cases}
m_1\ddot{x}_1+c_{1x}\dot{x}_1+k_{1x}x_1=F_f\\
m_1\ddot{y}_1+c_{1y}\ddot{y}_1+k_{1y}y=-F_1\\
I_1\ddot{\theta}_1=-F_1R_1-T_1+F_f(R_1\mathrm{tg}\beta-H)\\
m_2\ddot{x}_2+c_{2*}\dot{x}_2+k_{2x}X_2=-F_f\\
m_2\ddot{y}_2+c_{2y}\ddot{y}_1+k_{2y}y=F_1\\
I_2\ddot{\theta}_2=-F_1R_2-T_2+F_f(R_2\mathrm{tg}\beta+H)
\end{cases}
\tag{5.53}
$$

写成矩阵形式，则分析模型表示为：

$$
[m]\{\ddot{\delta}\}+[c]\{\dot{\delta}\}+[k]\{\delta\}=\{p\} \tag{5.54}
$$

其中，

$$
[m]=\begin{bmatrix}
m_1 & & & & & 0\\
 & m_i & & & & \\
 & & I_1 & & & \\
 & & & m_2 & & \\
 & & & & m_2 & \\
0 & & & & & m_2
\end{bmatrix} \tag{5.55}
$$

$$
\{p\}=\begin{Bmatrix}
-\lambda fek_m-\lambda f\dot{e}c_m\\
k_me+c_m\dot{e}\\
R_1k_me+R_1c_m\dot{e}-\overline{R_1}(ek_m+\dot{e}c_m)-T_1\\
\lambda fek_m+2f\dot{e}c_m\\
-k_me-c_m\dot{e}\\
R_2k_me+R_2c_m\dot{e}-\overline{R_2}(ek_m+\dot{e}c_m)-T_2
\end{Bmatrix} \tag{5.56}
$$

$$
[c]=\begin{bmatrix}
c_{1x} & -\lambda fc_m & -\lambda fc_mR_1 & 0 & \lambda fc_m & -\lambda fc_mR_2\\
0 & c_y+c_m & c_mR_1 & 0 & -c_m & c_mR_2\\
0 & c_m(R_1-\overline{R_1}) & c_mR_1(R_1-\overline{R_1}) & 0 & -c_m(R_1+\overline{R_1}) & c_mR_2(R_1-\overline{R_1})\\
0 & \lambda fc_m & \lambda fc_mR_1 & c_{2x} & -\lambda fc_m & \lambda fc_mR_2\\
0 & -c_m & -c_mR_1 & 0 & c_{2y}+c_m & -c_mR_2\\
0 & c_m(R_2-\overline{R_2}) & c_mR_1(R_2-\overline{R_2}) & 0 & -c_m(R_2+\overline{R_2}) & c_mR_2
\end{bmatrix}
\tag{5.57}
$$

$$
[k]=\begin{bmatrix}
k_{1x} & -\lambda j k_m & -\lambda j k_m R_1 & 0 & \lambda f k_m & -\lambda j k_m R_2 \\
0 & k_{1y}+k_m & k_m R_1 & 0 & -k_m & k_m R_2 \\
0 & k_m(R_1-\overline{R_1}) & k_m R_1(R_1-\overline{R_1}) & 0 & -k_m(R_1-\overline{R_1}) & k_m R_2(R_1-\overline{R_1}) \\
0 & \lambda f k_m & \lambda f k_m R_1 & k_{2x} & -\lambda j k_m & \lambda j k_m R_2 \\
0 & -k_m & -k_m R_1 & 0 & k_{2y}+k_m & -k_m R_2 \\
0 & k_m(R_2-\overline{R_2}) & k_m R_1(R_2-\overline{R_2}) & 0 & -k_m(R_2-\overline{R_2}) & k_m R_2(R_2-\overline{R_2})
\end{bmatrix} \tag{5.58}
$$

式中，$\overline{R_1}=\lambda f(R_1\mathrm{tg}\beta\pm H)$，$\overline{R_2}=\lambda f(R_2\mathrm{tg}\beta\pm H)$，$\beta$ 为啮合角，H 为啮合点至节点间的距离。

设齿轮副的理论啮合线为N_1N_2，实际啮合线为B_1B_2，N_1、N_2为啮合线与主动轮基圆和被动轮基圆的切点，B_1、B_2分别为啮合线与主动轮齿顶圆、被动轮齿顶圆的交点。则齿廓摩擦力作用线到主动齿轮、被动齿轮旋转中心的距离H_{i1}、H_{i2}分别等于齿对 i 的啮合点T_i到N_1、N_2的距离。以主动轮为例，啮合线上的H_{i1}，可分为两部分：$H_{i1}-\overline{B_1N_1}+\overline{B_1T_1}$。

若齿轮为标准渐开线齿轮，根据齿轮安装的几何关系，可求出

$$
\overline{N_1B_1}=\sqrt{(r_{\sigma2}\sin\theta)^2+(r_1+r_2-r_{\sigma2}\cos\theta)^2-r_{b1}^2} \tag{5.59}
$$

式中　$\theta=\cos^{-1}\dfrac{r_{b2}}{r_{a2}}-\alpha$；

r_{a2}——被动轮的齿顶圆；

r_2——被动轮的分度圆；

r_{b2}——被动轮的基圆半径；

r_1——主动轮分度圆；

r_{b1}——主动轮基圆半径；

a——齿轮压力角。

在啮合线上，自啮入点b_1开始的一个基节p_b的长度范围内，始终存在一个齿对（$i=1$）的啮合点。齿对 1 的啮合点T_1至B_1的距离$\overline{B_1T_1}=\dot{\theta}_1 r_{b1} t_1$，其中$t_1=t-K\dfrac{p_b}{\dot{\theta}_1 r_{b1}}$且满足 $0\leqslant t_1\leqslant K\dfrac{p_b}{\dot{\theta}_1 r_{b1}}$（$t$ 为啮合时间，K 为 0 或任意自然数）；$\dfrac{p_b}{\dot{\theta}_1 r_{b1}}$是啮合点沿啮合线移动一个基节所用的时间；$\dot{\theta}_1 r_{b1}$为啮合点沿啮合

线的移动速度。则

$$H_{11}=\overline{N_1B_1}+\dot{\theta}_1 r_{b1}t_1 \tag{5.60}$$

若啮合线上齿对 i 的序号按$B_1\rightarrow B_2$的方向顺序排列，则

$$\begin{gathered}H_{i1}=H_{11}+(i-1)P_b\\ H_{i2}=(r_{b1}+r_{b2})\mathrm{tg}\alpha-H_{i1}\\ H=(r_1+r_2)(1-\cos\alpha\times\mathrm{tg}\beta)\end{gathered} \tag{5.61}$$

3）齿轮系统轮齿变形材料力学计算

齿轮受载后发生的表面和整体变形，将直接影响齿间载荷的分配及动态性能。齿轮的啮合变形包括在齿面接触区的接触变形和整体的弯曲变形以及剪切变形等。为了简化计算，在分析齿轮变形时通常不考虑载荷沿接触线的非均匀分布，也暂不考虑安装制造误差及动载荷。

材料力学方法是最早使用、应用很广泛的一类方法，通常将轮齿简化为弹性基础上的变截面悬臂梁，认为啮合轮齿的综合弹性变形由悬臂梁的弯曲变形和剪切变形，以及基础的弹性变形引起的附加变形加上齿面啮合的接触变形等三部分组成。为了简化计算，对轮齿模型进行适当的简化，根据提出的轮齿模型的不同，有各种不同的计算方法。

（1）Weber-Banaschek 方法

Weber-Banascbek 方法是当今有关轮齿变形计算的权威方法之一，该方法建立的依据是，轮齿在法向力 F 作用下，沿合线方向发生了变形，这时，法向力所做的功应与变形能相等，由此来导出轮齿变形的有关计算公式。

（2）石川法（Ishikawa）

石川法在求轮齿变形时，须将轮齿模型进行简化。根据简化的计算模型，各部分的变形量按下面的公式计算。

矩形部分的弯曲变形量：

$$\delta_{br}=\frac{12F_n^*\cos^2\mu}{bE\,s_f^3}\left[h_x\times h_r\times(h_x-h_r)+\frac{h_x^3}{3}\right] \tag{5.62}$$

其中，μ 为载荷作用角，$\mu=a_m-\gamma_m$，$a_m=\arccos\begin{pmatrix}r_b\\ r_m\end{pmatrix}$，$r_m=\sqrt{r_b^2+\overline{NM}^2}$。

$$\gamma_m=\frac{1}{z}\left(\frac{\pi}{2}+2x\mathrm{tg}a\right)+\mathrm{in}\nu a-\mathrm{in}\nu\, a_m \tag{5.63}$$

梯形部分的弯曲变形量：

$$\delta_{bt}=\frac{6F_n\cos^2\mu}{bE\,s_f}\left[\frac{h_i-h_x}{h_i-h_r}\left(4-\frac{h_i-h_x}{h_i-h_r}\right)-2\ln\frac{h_i-h_x}{h_i-h_r}-3\right](h_i-h_r)^3 \quad (5.64)$$

式中　$h_i=(h\,s_f-h_r s_k)/(s_f-s_k)$。

剪切变形量：

$$\delta_s=\frac{2(1+v)F_n\cos^2\mu}{bE\,s_f}\left[h_r+(h_i-h_r)\ln\frac{h_i-h_r}{h_i-h_x}\right] \quad (5.65)$$

由于基础部分倾斜而产生的变形量：

$$\delta_g=\frac{24F_n h_x\cos^2\mu}{\pi bE\,s_f^2} \quad (5.66)$$

齿面接触变形量：

$$\delta_p=\frac{4F_n(1-v^2)}{\pi bE} \quad (5.67)$$

以上各式中的有关参数按几何关系，可求得：

$$h=\sqrt{{r_a}^2-(s_k/2)^2}-\sqrt{{r_f}^2-(s_f/2)^2} \quad (5.68)$$

$$h_x=r_x\cos(a'-\mu)-\sqrt{{r_f}^2-(s_f/2)^2} \quad (5.69)$$

当$r_b\leqslant r_{ff}$，即 $z\geqslant 2(1-x)/(1-\cos a)$

$$s_f=2r_b\sin\left[\frac{\pi+4x\mathrm{tg}a}{2z}+\mathrm{inv}a-\mathrm{inv}a_{ff}\right] \quad (5.70)$$

$$a_{ff}=\arccos(r_b/r_{ff}) \quad (5.71)$$

$$h=\sqrt{r_{ff}^2-(s_f/2)^2}-\sqrt{r_f}^2-(s_f/2)^2 \quad (5.72)$$

当$r_b\geqslant r_{ff}$，即 $z\leqslant 2(1-x)/(1-\cos a)$

$$s_f=2r_b\sin\left[\frac{\pi+4x\mathrm{tg}a}{2z}=\mathrm{inv}a\right] \quad (5.73)$$

$$h=\sqrt{r_b^2-(s_f/2)^2}-\sqrt{r_f^2-(s_f/2)^2} \quad (5.74)$$

式中　z——齿数；

x——变位系数；

r_b——基圆半径；

r_a——齿顶圆半径；

r_f——齿根圆半径；

r_{ff}——有效齿根圆半径；

r_x——载荷作用点与齿轮中心点的距离；

a——压角；

a'——啮合角。

E、V——齿轮材料的弹性模量和泊松比；

b——齿宽；

F_n——作用在轮齿上的法向力。

一对轮齿啮合时的总变形量为：

$$\delta_\Sigma = \sum_{i=1}^{2}(\delta_{b_n} + \delta_{bii} + \delta_{si} + \delta_{gi}) + \delta_p \tag{5.75}$$

则齿轮在该点啮合时的刚度为：

$$k = F_n/\delta_\Sigma \tag{5.76}$$

5.2.2　驱动电机分析

电机依据外部供电电流的类型可分为交流电机和直流电机。交流电机有着结构简单、价格便宜与噪声小的优点，在一些高转速的应用场合得到广泛的应用，但其存在调速性能差、启动扭矩小与控制算法复杂等缺点。直流有刷电机调速性能很好、起动转矩较大，控制算法简单并且电机转速能在较大的范围进行调节，短时过载能力强，广泛应用在工业生产和日常生活中。因此，本设计选取直流有刷电机作为电动扳手的动力源器件来提供扭矩输出。

1. 有刷直流电机工作原理及其传动分析

在直流电机运行中，其扭矩是一个动态的输出过程。依据牛顿第二定律和电机扭矩平衡方程可得。

$$T_{em} - T_L - T_2 = J\frac{\mathrm{d}\Omega_{(t)}}{\mathrm{d}t} = \frac{GD^2}{375}\frac{\mathrm{d}n}{\mathrm{d}t} \tag{5.77}$$

式中　T_{em}——电磁扭矩；

T_L——负载扭矩；

T_2——空载扭矩；

J——转动惯量总和；

GD^2——飞轮矩；

n——电机转速；

t——时间变量。

电机运转中，由于空载扭矩 T_2 很小，可忽略不计，所以由式（5.77）可得：

$$T_{em}-T_L=\frac{GD^2}{375}\frac{\mathrm{d}n}{\mathrm{d}t} \tag{5.78}$$

稳定励磁下的电磁扭矩T_{em}为：

$$T_{em}=C_m I_a \tag{5.79}$$

式中　I_a——电机电枢电流；

C_m——扭矩系数。

定义$T_L=C_m I_L$为包括电机空载扭矩在内的负载扭矩，I_L为与负载扭矩对应的负载电流。所以结合式（5.72）和式（5.73）可得：

$$I_a-I_L=\frac{GD^2}{375C_m}\frac{\mathrm{d}n}{\mathrm{d}t} \tag{5.80}$$

又因为机电时间常数T_m为：

$$T_m=\frac{GD^2R}{375C_eC_m} \tag{5.81}$$

可得：

$$GD^2=\frac{375C_eC_mT_m}{R} \tag{5.82}$$

将式（5.82）代入式（5.80）中可得：

$$I_L=I_a-\frac{T_mC_e}{R}\frac{\mathrm{d}n}{\mathrm{d}t} \tag{5.83}$$

式中　C_e——额定磁通下的电动势系数；

R——电枢电阻。

由以上推导可知，直流电机的负载扭矩T_L和输出扭矩（即电磁扭矩T_{em}）的关系可转换为负载扭矩T_L对应的负载电流I_L与电机电枢电流I_a及电机转速 n 的关系，其关系方程$I_L=f(I_a,n)$。当 $\mathrm{d}n/\mathrm{d}t=0$ 时，电机转速恒定，此时$I_L=f(I_a)$，所以I_L和I_a呈线性关系，即T_L与I_a呈线性关系。

在扳手传动系统中，电机的高转速、低扭矩通过传动机构变成低转速、大扭矩状态，从而达到扳手的扭矩输出要求，如图 5-6 所示。

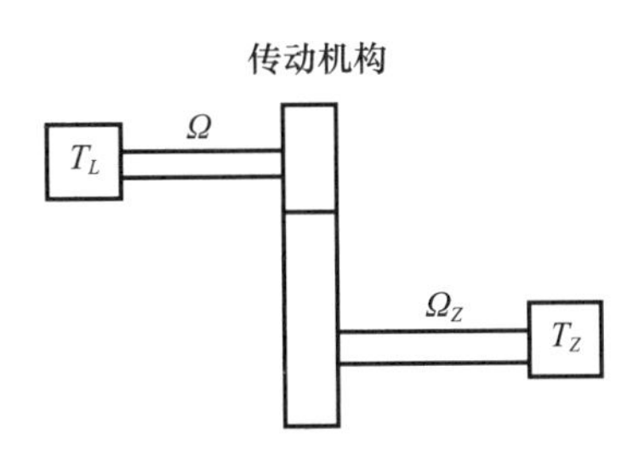

图 5-6　电机传动机构图

图 5-6 中高速转动的电机通过传动机构将电机的负载扭矩T_L转换成最终的输出扭矩T_Z，在不考虑传动损耗的情况下，由能量守恒定律可得：

$$T_L\Omega=T_Z\Omega_Z \tag{5.84}$$

式中　Ω——电机角速度；

Ω_Z——减速器角速度；

T_Z——最终输出转矩。

由公式（5.84）可知，在传动机构中，扭矩输出与角速度成反比关系，所以控制系统的最终输出扭矩和负载扭矩的关系为：

$$T_Z=T_L\frac{\Omega}{\Omega_Z} \tag{5.85}$$

式（5.85）中，$\frac{\Omega}{\Omega_Z}$为传动比，令 $j=\frac{\Omega}{\Omega_Z}$，可得减速器最终输出扭矩$T_Z$为：

$$T_Z=j\,T_L \tag{5.86}$$

综上所述，若要电动扳手能够精确地输出扭矩，必须精确地控制电机的扭矩输出。而通过式（5.83）可知，电机运转时的负载扭矩T_L主要与电机运转时的电枢电流I_a和转速 n 有关，所以当电机转速稳定时可通过测量电机电流计算得到负载扭矩的大小。因此，设计一个转速稳定、电流采集精确的直流电机控制系统是控制扭矩精确输出的关键。

2. 有刷直流电机数学模型

有刷直流电机在运行过程中包含两个动态过程，分别为包含电机转速变化的机械过程以及包含电量变化的电磁过程，结合电机实际运行情况，可认为机械过程和电磁过程同时发生。有刷直流电机的等效电路图如图 5-7 所示，依据基尔霍夫电压定律和刚体动力学，可建立有刷直流电机电枢电压平衡方程以及转矩平衡方程。

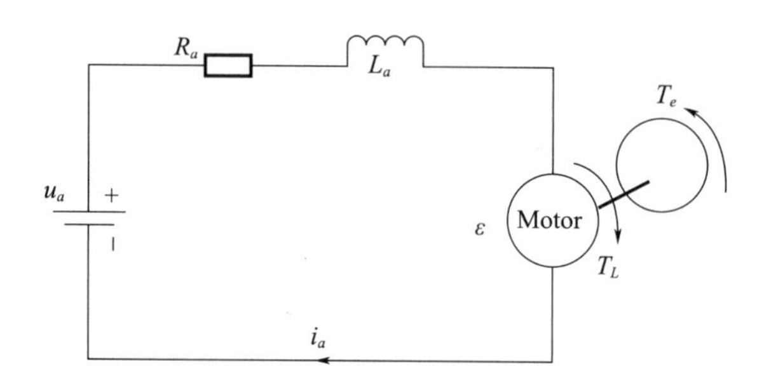

图 5-7　有刷直流电机等效电路图

电枢电压平衡方程：

$$u_a = R_a i_a + L_a \frac{di_a}{dt} + \varepsilon \tag{5.87}$$

$$\varepsilon = C_e n$$

转矩平衡方程：

$$T_e = J\frac{dn}{dt} + T_L \tag{5.88}$$

$$T_e = C_m i_a$$

式中　u_a—电枢电压；

R_a—电枢电阻；

L_a—电枢电感；

i_a—电枢电流；

ε—电机反电动势；

C_e—电机反电动势系数；

n—电机转速；

T_e—电磁转矩；

J—电机转动惯量；

T_L—负载转矩；

C_m—转矩常量。

依据有刷直流电机电压平衡方程可知，有刷直流电机控制电机转速一共有三种方法：调节电机电枢供电电压 u；调节电机电枢回路电阻 R；调节电机反电动势系数 C。调节电机电枢回路总电阻调速方式无法实现平滑的无级调速；调节电机反电动势系数方式调速范围小，有刷直流电机反电动势系数在出厂时已经确定，无法调节；调节电机电枢供电电压方式控制简单，且能实现大范围平滑的无级调速，是最常用的电机调速方式。

为了方便计算，有如下定义：

① 电枢回路放大倍数$K_a=1/R_a$；

② 电枢电磁时间常数$T_l=L/R$；

③ 系统机电时间常数$T_m=JR/C_mC_e$；

④ 等效负载电流$i_{aL}=T_L/C_m$。

式（5.87）作拉普拉斯变换，可得电枢电流、电枢电压传递函数如下。

$$\frac{i_a(s)}{u_a(s)-\varepsilon(s)}=\frac{K_a}{T_l s+1} \tag{5.89}$$

式（5.88）作拉普拉斯变换，可得电枢电流、电机转速传递函数如下。

$$\frac{\varepsilon(s)}{i_a(s)-i_{aL}(s)}=\frac{R_a}{T_m s} \tag{5.90}$$

依据式（5.87）与式（5.88），可得有刷直流电机结构框图如图 5-8 所示。

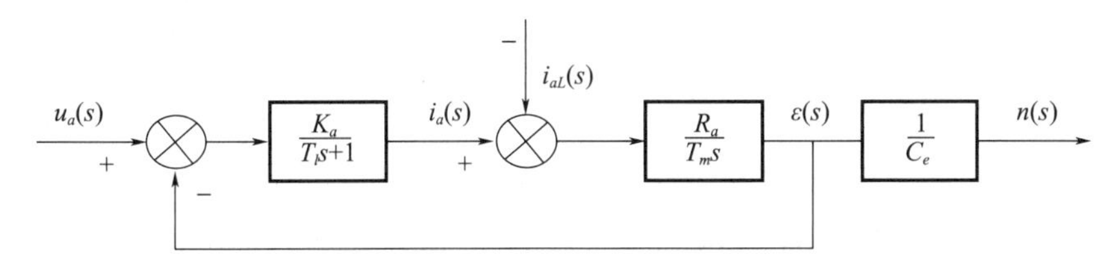

图 5-8　有刷直流电机结构框图

3. 直流电机的启停方式分析

直流电机常用的启停方式有全压直接启动、由软件参与控制的软启动两种。全压直接启动除开关外无其他器件，直接将电源与电机连接，当开关闭合时直接启动电机。这一方式操作极为简便，无其他器件也能使其在使用时成本较低，但当开关闭合电机启动时，冲击电流较大，将在电机电刷换向时产生强烈的火花，可能引起电机烧毁。软启动器是一种通过软件与晶闸管配合，在整个电机启动的过程中实现没有冲击电流的平滑启动方式，并可以依据电机在工作时所带负载的相关特性来调节启动过程中的相应参数。

在实际应用中，借助扳手控制预紧力大小，需确保在所需范围内对扭矩精度控制可以达到较高标准，对电机启动运转状态要求更高。具体如下：

（1）电机输出功率能够满足所需的扭矩要求，可以平稳地进行转矩输出，并且机械特性在理想状态下能够符合要求；

（2）启动电路简单可靠，启动电机时产生的冲击电流尽可能的小；

（3）可以有效控制电机正反转。

所以，软启动的方法是对直流电机进行驱动的理想选择，本设计采用 PWM 脉冲驱动全桥的软启动方式驱动电机。

5.2.3 定扭矩控制方案

1. 扭矩控制方法

现有螺栓拧紧方案中，扭矩/转角法、屈服点法以及伸长量法具有高精度的预紧控制、预紧力离散性低等优点，但方案实现有一定难度，结合实际作业施工特点及对象预紧误差需求，选用主流的“扭矩法”作为电动扳手系统的拧紧方案。

国内外的“扭矩法”拧紧控制方案实现方式主要有以下三种：电流法、应变片法以及角度法。电流法是基于电机转矩特性，通过建立电机负载转矩与电流的关系数学模型，采用闭环的控制模型，完成对输出扭矩的控制；应变片法是将金属应变片呈固定角度粘贴在扭矩输出轴上，利用应变片的电阻-应变效应，惠斯通电桥整理出电压值，通过建立电压值与输出扭矩的数学模型，利用微处理器检测电压实现对输出扭矩的控制；角度法的原理是基于螺栓拧紧角度与扭矩值的数学模型，利用角度传感器（例如：霍尔传感器等）检测拧紧角度实现螺栓定角度拧紧控制。表 5-2 对上述三种实现方案进行了分析。

表 5-2 扭矩法控制方案对比

<table>
<tr><th>控制方法</th><th>实现难度</th><th>优点</th><th>缺点</th></tr>
<tr><td rowspan="2">电流法</td><td rowspan="2">小</td><td>实现简便</td><td rowspan="2">外界因素影响较大</td></tr>
<tr><td>设备便携</td></tr>
<tr><td rowspan="2">应变片法</td><td rowspan="2">小</td><td>直接检测扭矩</td><td>扭矩范围有限</td></tr>
<tr><td>拧紧效果可靠</td><td>成本高</td></tr>
<tr><td rowspan="2">角度法</td><td rowspan="2">大</td><td rowspan="2">能克服摩擦力对拧紧效果的影响</td><td>实现难度大</td></tr>
<tr><td>不同螺栓需标定</td></tr>
</table>

由表 5-2 可知，电流法实现较为简便，一定程度地简化了拧紧工具的机械结构，但受到电机运行电压等因素的影响；应变片法优点是可在设备输出端安装扭矩传感器对扭矩直接检测，检测精度高，拧紧效果可靠，缺点则是工具头部笨重，且大型扭矩传感器成本较为昂贵、体积较大，对安装限制较

大；角度法能克服摩擦力对拧紧效果的影响，但方案实现难度较大，工作量较大、工序烦琐。

2. 基于转速差的模糊 PID 方法

针对现有扭矩控制方案存在的问题，通过分析电机的机械特性，采用一种基于转速差的模糊 PID 方法来控制电机的动态性能，并通过检测电机运行中的电流和转速信号来控制扭矩输出的方案，微处理器通过驱动外围器件实现对电动扳手的定扭矩输出功能。

直流电机控制系统如图 5-9 所示，双闭环控制系统不仅可使电机稳定运行，也可以提高信号采集的准确性。为使转速运行稳定，使用模糊 PID 控制器控制外环；电流内环则使用传统的 PID 控制方法。图 5-9 中 UPM 为 H 桥电路；TA 为电流传感器；GD 为驱动控制电路；UPW 可生成 PWM 波。图中给定电机转速 n^*、电机电枢电流 I_a、反馈转速 n 以及电机负载电流 I_L 都是数字量。电流传感器和霍尔转速传感器实时采集电机运行中的电流和转速并进行反馈，确保转速稳定。除了电机驱动电路外，负载转矩计算、PWM 波生成以及双闭环控制的控制功能都采用软件的方式在系统控制器中实现。

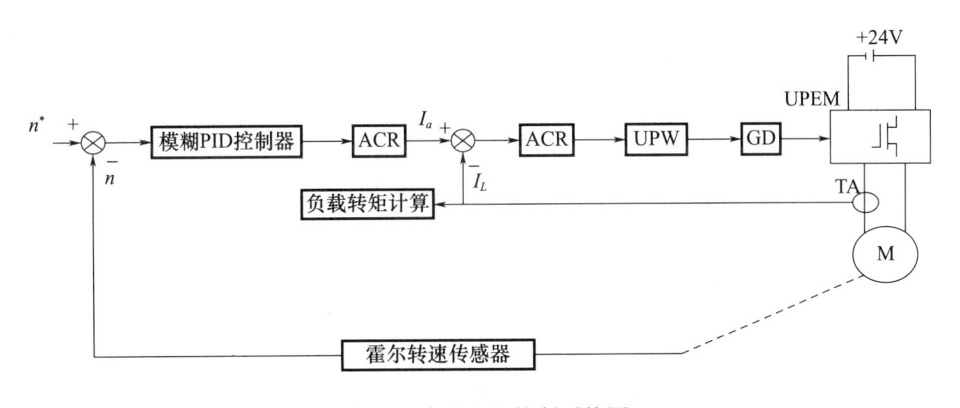

图 5-9　直流电机控制系统图

本设计采用 PWM 控制电机驱动芯片调节晶闸管导通的方式来控制电机的启动，其输入为直流电压源。该方法能有效降低电机启动时的瞬时电流，可保护整体控制电路。电机运行过程中，电流传感器和霍尔转速传感器实时采集电流和转速并进行反馈，通过模糊 PID 控制器、转速调节和电流调节可同步调节产生的脉宽调制信号，以保持电机转速的稳定。当电机转速恒定时，$I_a = I_L$，进而 $T_{em} = T_L$，所以负载转矩的计算可通过计算获得。图 5-9 中转速环、电流环和模糊 PID 控制器均通过软件程序来实现其具体功能。该方案能有效控制转速并降低电流和扭矩波动，结合微处理器和外围电路器件可实现扭矩的准确传递。

扭矩控制使用双闭环控制结构，该结构包含电流环和转速环两个闭环，分别用于控制电机的转矩和转速，两个环节相互配合协调，可满足多种控制需求。双闭环控制结构外环采用模糊 PID 控制器，内环采用传统 PID 控制器，搭建电机双闭环等效模型，并对电流环和转速环的 PID 参数进行整定。

1）电流环参数整定

电流环 PID 输出经由 PWM 变换器直接作用于有刷直流电机，PWM 变换器输出与电流环输出呈线性关系，但其响应存在T_s的延时，其最大为一个 PWM 变换器开关周期。PWM 变换器所产生的延时非常小，可近似看成一个一阶惯性环节，其传递函数$W_s(s)$如下：

$$W_s(s)=K_s e^{-T_s s}\approx\frac{K_s}{T_s s+1} \tag{5.91}$$

式中　K_s——PWM 变换器放大系数；

T_s——PWM 变换器延时。

电流环反馈通路中加入一阶低通滤波器抑制交流分量，防止其影响电流环 PID 输入，但其在滤波的同时也带来了延时，为了平衡这个延时作用，在电流环输入信号通路中加入相同延时的滤波环节，带来设计上的方便，滤波环节可近似看成一个一阶惯性环节，其传递函数如下：

$$W_f(s)=e^{-T_f s}\approx\frac{1}{T_f s+1} \tag{5.92}$$

式中　T_f——低通滤波器的滤波时间常数。

电机控制系统中电机机电时间常数T_m远大于电磁时间常数T_l。因此，电机转速变化相对于电枢电流变化要慢得多，对电流环来说，由转速变化引起的电机反电动势变化也是一个变化较慢的扰动，所以在设计电流环时可忽略电机反电动势的影响，电流环结构框图如图 5-10 所示。

将输入信号通路以及反馈信号通路的滤波环节等效地移入电流环内，且 PWM 变换器延时和低通滤波器滤波时间常数T_f远小于电磁时间常数T_l，可将小惯性群近似看作一个完整的一阶惯性环节，简化后的电流环框图如图 5-11 所示。

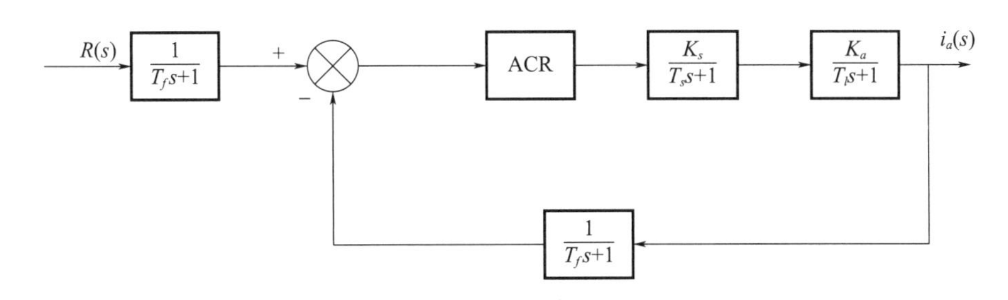

图 5-10　电流环结构框图

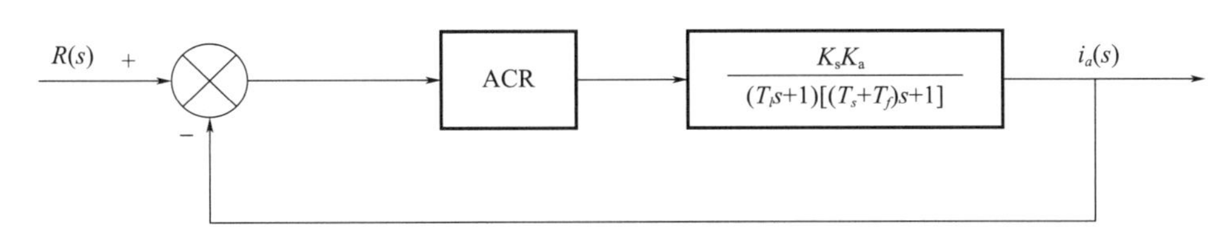

图 5-11　简化电流环结构框图

电流环起着稳定电流、抑制突变以及稳定转矩的作用，不能有太大的超调，应重点关注电流环的跟随性能，故将电流环设计成典型 I 型系统。电流环有两个惯性环节，ACR（电流环传递函数）采用 PI 型控制器即可校正为典型 I 型系统，ACR 传递函数如下所示：

$$W_{ACR}(s)=\frac{K_{ACR\_P}(T_{ACR\_i}s+1)}{T_{ACR\_i}s} \tag{5.93}$$

式中　K_{ACR_P}——电流调节器比例项增益；

　　T_{ACR_i}——电流调节器积分时间常数。

确定 ACR 传递函数可得电流环开环传递函数如下。

$$G_{ACR\_open}(s)=\frac{K_{ACR\_P}(T_{ACR\_i}s+1)}{T_{ACR\_i}s}\cdot\frac{K_sK_a}{(T_ls+1)[(T_s+T_f)s+1]} \tag{5.94}$$

为实现零极点对消，电流调节器积分时间常数T_{ACR_i}取值如下：

$$T_{ACR\_i}=T_l \tag{5.95}$$

校正之后，电流环典型 I 型开环传递函数为：

$$G_{ACR\_open}(s)=\frac{K_{ACR\_P}K_sK_a}{T_{ACR\_i}s[(T_s+T_f)s+1]} \tag{5.96}$$

电流环闭环传递函数为：

$$G_{ACR\_close}(s)=\frac{G_{ACR\_open}}{1+G_{ACR\_open}}=\frac{1}{\frac{T_{\Sigma}}{K_c}s^2+\frac{1}{K_c}s+1} \tag{5.97}$$

$K_c=K_{ACR\_p}K_sK_a/T_{ACR\_i}$；

$T_{ACR\_\Sigma}=T_s+T_f$。

由电流环闭环传递函数可求出阻尼频率ω_n和阻尼比ξ如下：

$$\omega_n=\sqrt{\frac{K_c}{T_{\Sigma}}},\xi=\frac{1}{2}\sqrt{\frac{1}{K_cT_{ACR\_\Sigma}}} \tag{5.98}$$

可选工程最佳阻尼比$\xi=0.707$，则$K_cT_{ACR_\Sigma}=0.5$，可得比例项系数K_{ACR_P}如下所示：

$$K_{ACR\_p}=\frac{T_l}{2T_{ACR\_\Sigma}K_sK_a} \tag{5.99}$$

2）转速环参数整定

电流环作为转速环的内环，在分析转速环时需对电流环进行简化处理，电流环闭环传递函数可忽略高次项，降阶之后的电流环传递函数如下所示：

$$G_{ACR\_close}(s)\approx\frac{1}{\frac{1}{K_c}s+1} \tag{5.100}$$

与电流环做同样处理，在反馈通路中也要加入低通滤波器对转速进行滤波处理，防止其影响转速环的输入，在信号输入通路也加入同样的低通滤波器作平衡处理，简化设计。同时，将输入信号滤波环节和反馈信号滤波环节移入转速环内，并将近似的电流环与低通滤波环节合并为一个一阶惯性环节，则转速环结构框图如图 5-12 所示。

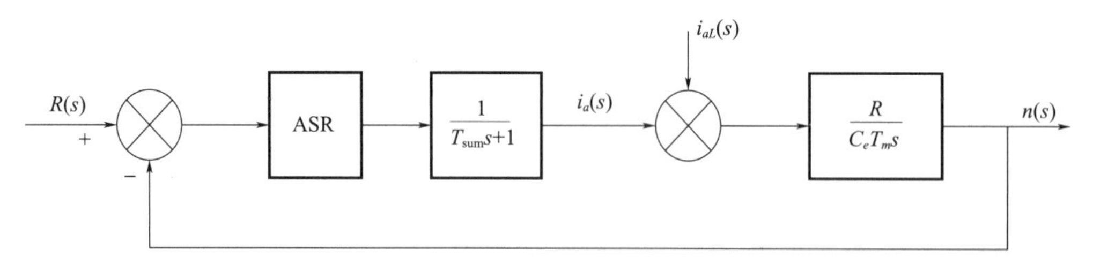

图 5-12　转速环结构框图

式中　$T_{sum}=1/K_c+T_{sf}$；

T_{sf}——转速反馈滤波常数。

转速环起着转速跟踪的作用，目标是快速地提升电机转速，并稳定在期望值，要求超调量小、动态抗干扰性能好，故将转速环设计成典型Ⅱ型系统。从图中可知，转速环开环传递函数中已经含有两个积分环节，由此可见，要把转速环校正为典型Ⅱ型系统，可采用模糊PID控制器，其传递函数如下所示：

$$W_{ASR}(s)=\frac{K_{ASR\_P}(T_{ACR\_i}s+1)}{T_{ACR\_i}s} \tag{5.101}$$

式中　K_{ASR_P}——转速调节器比例项增益；

T_{ACR_i}——转速调节器积分时间常数。

当系统受到扰动或参数发生改变时，模糊PID控制器能够迅速地做出响应并及时地进行调节，其控制原理如图5-13所示。输入偏差e和偏差变化率ec通过模糊推理实时地调节K_p、K_i和K_d三个参数，以保证控制系统在不同工况环境中稳定运行。

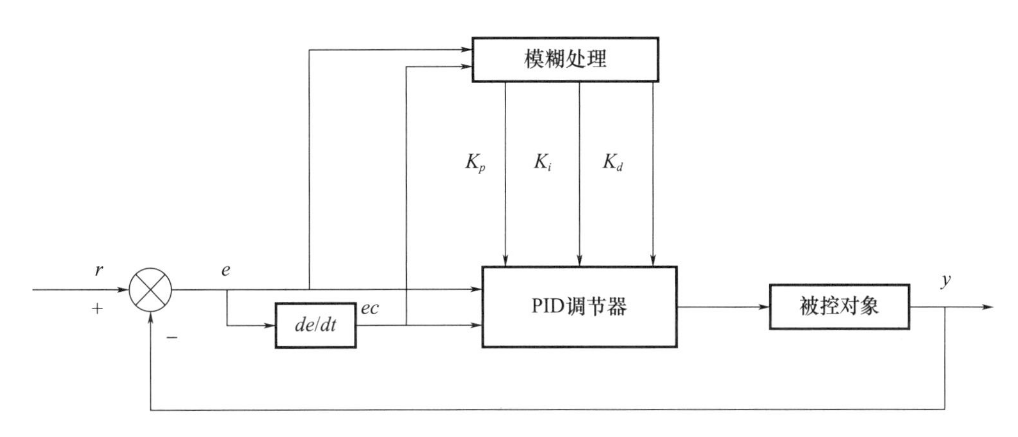

图5-13　模糊PID控制原理图

确定ASR（转速环传递函数）传递函数形式，简化之后的转速环结构框图如图5-14所示。

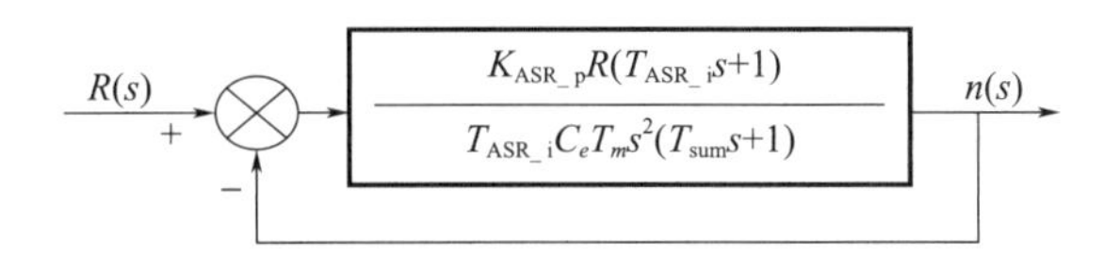

图5-14　简化后转速环结构框图

由图5-14可知，转速环开环传递函数为：

$$G_{ASR\_open}(s)=\frac{K_{ASR\_P}R(T_{ACR\_i}s+1)}{T_{ACR\_i}C_eT_ms^2(T_{sum}s+1)} \tag{5.102}$$

式中，T_{sum}已经确定，可动态地改变T_{ACR_i}以动态调节中频段宽度，以适应工程中实际需求。h 为典型Ⅱ型系统中频段宽度，其参数关系如下：

$$h=\frac{T_{ACR\_i}}{T_{sum}} \tag{5.103}$$

在T_{ACR_i}确定之后，可动态调整K_{ASR_P}从而动态调整截止频率ω_c，经过大量的工程验证，对于典型Ⅱ型系统，中频段宽度 h 及截止频率ω_c之间存在最佳工程配比，对于确定的中频段宽度 h 只存在另一个确定的截止频率ω_c，得到最小的闭环幅频特性，依据这一关系可得出转速环积分时间常数T_{ACR_i}和比例项增益K_{ASR_P}之间的数学关系如下所示：

$$K_{ASR\_P}=\frac{(h+1)C_eT_m}{2hRT_{sum}} \tag{5.104}$$

经验表明，中频段宽度 h 取值为 3～10 时，系统具有较好的动态性能。可得转速环闭环传递函数：

$$G_{ASR\_close}(s)=\frac{G_{ASR\_open}(s)}{1+G_{ASR\_open}(s)}=\frac{P\,T_{ASR\_i}s+P}{T_{sum}s^3+s^2+P\,T_{ASR\_i}s+P} \tag{5.105}$$

式中　$P=K_{ASR\_p}R\,/T_{ASR\_i}C_eT_m$。

5.2.4　系统整体方案

电动扳手控制系统总体方案是基于电动扳手定扭矩控制方案和机械结构，围绕系统功能需求，以模块化的设计思想设计系统总体方案，确保扳手能够稳定、可靠地运行，控制系统的总体方案如图 5-15 所示。

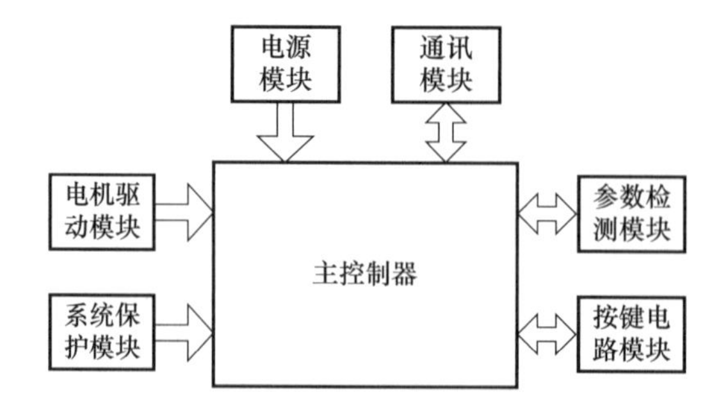

图 5-15　控制系统总体方案框图

主控制器模块、电机驱动模块、参数检测模块、电源模块、按键电路模块、系统保护模块以及通讯模块共同组成了电动扳手控制系统，整个控制系统的供电是由24V锂电池进行供电，各模块功能如下：

① 主控制器模块获取检测信号后，调用相应程序输出控制信号来实现电动扳手内置电机的正常运行。

② 电机驱动模块包含驱动芯片和逆变电路两部分，主控制器输出PWM信号到驱动芯片，并通过控制逆变电路中功率管的通断来进行电机的运转控制。

③ 参数检测模块分为电流检测模块、速度检测模块两个部分。电流检测模块通过电流传感器来采集电机电流信号，主控制器根据采集到的信号进行数据处理；速度检测模块通过霍尔传感器来检测电机的转子位置信息，主控制器通过检测到的位置信号发出相对应的触发信号控制MOSFET通断，从而计算出电机的转速。

④ 电源模块将24V直流电转化为5V直流电供控制系统运行，并将5V直流电转化成3.3V供给主控制芯片使用。

⑤ 按键电路模块由按键模块和液晶显示模块组成，用于电动扳手启停、工作模式选择。

⑥ 系统保护模块通过检测系统的温度、电压和电流来确保电机的稳定运行及系统正常工作。

⑦ 通讯模块保证了电动扳手运行状态的可追溯性。

以下，将分别从机械设计和控制系统设计两方面介绍电动扳手的设计与实现。

5.3　电动扳手机械设计

5.3.1　外观设计

电动扳手外观设计中，融合功能性、安全性、形态美感以及心理功能等多重要素是至关重要的。作为一种常用工具，电动扳手不仅需要确保其功能完善、操作便捷，更需要考虑到使用者的安全与舒适感受，以下将从外观设计需考虑的不同要素方面进行介绍。

1. 功能及安全要素

就电动扳手来说，功能性是设计需考虑的重中之重。可以说，功能要素对于后续的设计有着极强的引导作用，是整体设计的基石。要使其他的工业设计元素尽最大可能充分地发挥自身的功能，就必须充分分析电动扳手自身所包含的功能要素，并以此为基础进行后续的诸多设计。

在操作电动扳手的工作场景中，安全、舒适的使用方式是必须的，一些电动扳手在工作过程中潜藏着隐患，可能危及操作者的安全。譬如：在操作过程中，工件或工具零部件的断裂、飞溅可能划伤操作者的皮肤；再譬如，由于电动扳手的质量一般较重，在其工作的状态中，振动程度通常较大，这就使得操作者在使用电动扳手的过程中，必须依靠自己的身体来对振动进行平衡，在手持电动扳手进行长时间操作时难免会对身体造成影响，对工作人员的人身安全存在一定的风险。因此，在最初设计之时，就必须针对操作人员、使用的习惯等因素影响做出研究与分析，进行安全风险的估计与评判。同时，还要尽量防止可能发生的工件断裂飞溅等，保证电动扳手的安全性能。

2. 形态美感要素

在设计时既要保证其功能性和安全性，也需从美观性、创新性和触感等多个维度进行综合评估，以确定最终设计。设计电动扳手的造型要素集中在两个主要方面：首先，“力量”是关键，设计过程需着力于扳手的力度，以适应其独有使用环境；其次，注重“精致”程度，这要求在设计时综合考虑结构、形状配置及材料应用，以表现出产品的功能性。

3. 人机工程学要素

人机工程学，这一跨学科领域的核心在于探索人、机器设备以及工作环境之间的最佳协调关系。通过综合应用科学技术、人机科学、社会学及其他相关学科的知识，人机工程学旨在设计出既能满足用户生理和心理需求，又能提高工作效率和安全性的产品和工作环境。随着人类社会和科技的快速发展，这一学科的理论基础越发成熟，而其实际应用也逐渐从针对个别产品的改进扩展到更广泛的设计实践中，强调以人为本的设计理念。

在产品和工作环境设计过程中，人机工程学的应用促进了创新，通过分析使用者与产品的互动关系，确保设计成果能够更好地适应使用者的身心特点，提高操作系统的整体使用效率。这种以使用者为中心的设计思维不仅提升了产品的使用价值，也极大增强了产品与使用者之间的连接。此外，人机工程学还强调在设计过程中考虑到工作环境的人性化，通过合理布局和设计，减少作业中的能量消耗和疲劳，降低事故发生率。

本设计中涉及的电动扳手是一种通过操作者的手部进行操作控制的工具，鉴于手掌具有复杂的结构特点，手持设备的设计和操作方法需充分考虑到这种复杂性和特异性。为了同时提升电动扳手的功能性、舒适度和体验感，必须在实际设计开发中考虑手部测量数据的设计边界以及合理的尺寸修正量。这类手持式设备在设计时是具有通用性和普适性的，其需要考虑的人机尺寸关系主要是宽度和长度。持握区域的宜用性是在手持设备设计中的重要一环，设备持握部位的长度与宽度一般取决于操作者的手部尺寸。

因特殊的工作环境及工作强度，电动扳手的作业场景往往不适合女性，这导致操作这款电动扳手从事作业工作的主要是男性。因此，为了更加贴近产品的具体使用人群，设计所采用的数据主要基于我国的成年男性。在男性手部人机工程数据的基础上，针对电动扳手的持握区域进行具体分析计算，得出合理尺寸范围，为后面的实际设计实践提供指导建议。在进行尺寸计算时，应采取中位数作为人机尺寸数据，并且按照产品功能尺寸的设定原则（产品最佳功能尺寸＝人机尺寸百分位数＋功能修正量＋心理修正量）设计。

因为本设计电动扳手操作手势是手握式，所以其握持部分的长度主要受掌面宽度的影响。数据采用我国成年男性手掌宽度数据的中位数104mm。将人机工程学的手部尺寸相关数据作为设计的指导，计及操作人员可能会戴手套所增加的穿衣修正量，以及设备的防滑纹理参数所增加的心理修正量，可以对手持式电动扳手的握把尺寸进行计算，握把长度约为：104＋3（穿衣修正量）＋5（心理修正量）＝112mm，故适宜的持握区域最佳建议长度范围约为100～120mm。

因为手握式操作是电动扳手的主要操作手势，所以操作者的掌长度可以决定设备的持握区域的宽度，在持握状态下手掌呈现弯曲运动。手掌受力部分主要集中在拇指指根与其他四指第二节关节处，这一部位的尺寸和手掌宽度成相似比例。使用手掌宽度作为基本参照物，其尺寸可以使用位于50%的我国成年男性手部尺寸数据作为人机尺寸，其尺寸数据是82mm。以人机工程学手部尺寸设计原则为指导，可对电动扳手的握把尺寸进行计算。

考虑到手指的抓握力是向内的，应该减去修正参数，所以电动扳手宽度在70～82mm。若宽度太宽超过范围，手指活动范围不足，灵活性降低，操作性和舒适度会降低；太窄时，电动扳手的内部空间不足，限制电路板尺寸，而且没有心理修正参数，使操作者缺少安全感。

5.3.2　机械结构设计

电动扳手的结构设计如图 5-16 所示，主要包括如下部分：扳手壳体、安装系统、供电系统以及传动系统。扳手外壳一端能够固定转动地脚调整卡扣来调整跨越架地脚高度，另一端能够安装可更换的供电电池，电动扳手的动力系统、控制系统（参见 5.4 节）、转动齿轮均容纳在扳手壳体内，其中启动开关和换向开关置于扳手壳体把手处，扳手固定端拥有能够使安装齿轮无限制转动的转动轨道。

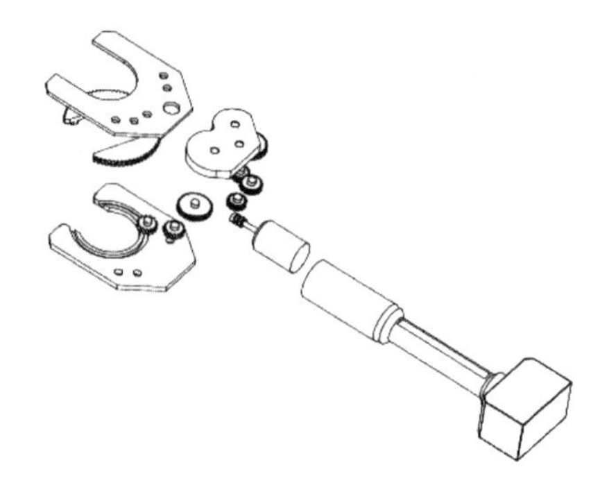

图 5-16　电动扳手结构设计图

1. 壳体

扳手壳体是电动扳手的外壳结构，由手持部分、电机容纳套筒以及电池嵌套壳构成，扳手壳体两侧对称，通过螺栓螺母对称连接，如图 5-17 所示。手持部分是工作人员握持扳手时的主要区域，其设计考虑了人机工程学原理，以提供良好的操作控制性；电机容纳套筒呈圆柱形，位于手持部分上方，用来容纳动力系统中的电机；而电池嵌套壳位于手持部分的另一端，可用来容纳供电系统中可更换充电的电池，供电电池通过嵌套的方式嵌套入电池嵌套中，同时，供电系统的电源插接头与电池嵌套壳中延伸出来的电线插头能够插接。

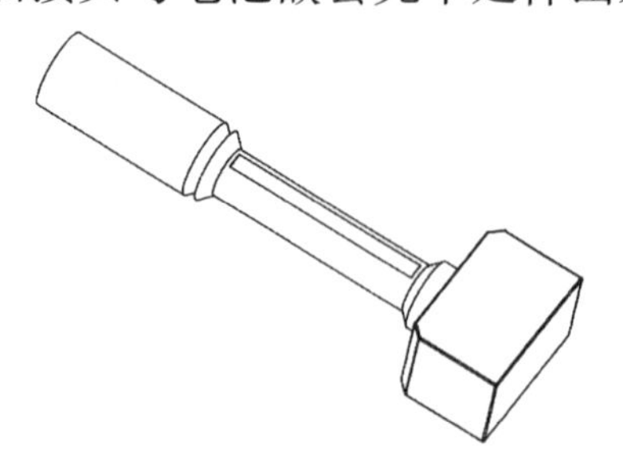

图 5-17　电动扳手壳体结构

2. 安装系统

安装系统的作用是驱动跨越架可调底座上的螺母转动，以调整跨越架地脚高度。安装系统包括上、下 U 型夹板，齿轮容纳件以及安装齿轮，结构如图 5-18 所示。

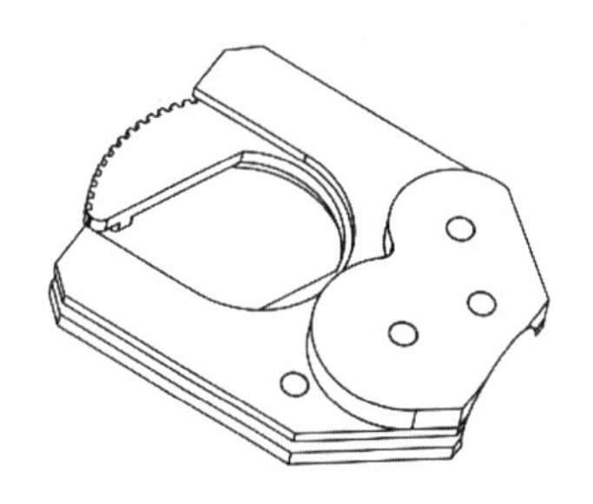

图 5-18　电动扳手安装系统结构

上、下齿轮夹板对称安装，外侧均有齿轮轴安装孔，用来固定传动系统中的传动齿轮轴，防止齿轮在转动时发生脱离现象，并且能够承受扭矩传递过程中产生的力量，从而有效地转换为驱动安装齿轮转动所需的动力。内侧均设计有半圆形开口卡槽，形成可供安装齿轮旋转的半圆形轨道，确保安装齿轮能够在轨道间 360°平稳运转。安装齿轮固定于半圆形开口卡槽之间，安装齿轮下方具有能够卡住跨越架可调底座螺母的卡槽。齿轮容纳件向外突出，内部容纳传动系统中传动齿轮组的齿轮 1814、齿轮 1813 以及辅助齿轮组的齿轮 1823（图 5-19）。

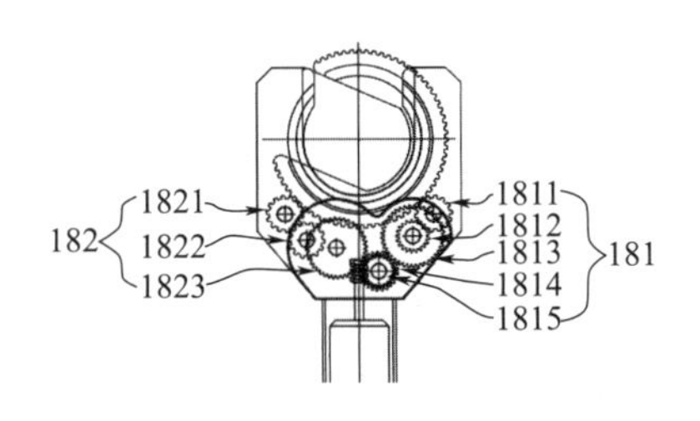

图 5-19　齿轮位置示意图

3. 动力系统

动力系统是一种高性能电动驱动装置，主要包括电机、电机输出轴以及中心齿轮。电机除了输出轴以外的其他部分置于电机容纳套筒内，控制线路与手持部分内部的控制电路板连接，动力线路穿过手持部分，与电池嵌套壳上的供电系统相连接。电机输出轴与中心齿轮置于安装部内，并且中心齿轮与传动系统中的传动齿轮组啮合。

4. 传动系统

1）齿轮位置及啮合运行方式

传动系统包括传动齿轮组 181 与辅助齿轮组 182，具体结构如图 5-19 所示。

其中，传动齿轮组中的齿轮 1815 与动力系统中的中心齿轮啮合。当动力系统转动时，中心齿轮跟随电机输出轴旋转，由此带动齿轮 1815 旋转；齿轮 1814 与齿轮 1815 同轴连接，并且置于齿轮 1815 上方，当齿轮 1815 旋转时，齿轮 1814 跟随其同轴旋转；齿轮 1814 与齿轮 1813 啮合，因此，齿轮 1813 会跟随齿轮 1814 旋转；齿轮 1812 与齿轮 1813 同轴连接，并且置于齿轮 1813 下方，当齿轮 1813 旋转时，齿轮 1812 跟随其同轴旋转；齿轮 1812 与齿轮 1811 啮合，因此，齿轮 1811 会跟随齿轮 1812 旋转；齿轮 1811 与安装齿轮啮合，齿轮 1811 的转动会带动安装齿轮跟随转动，由此驱动卡在跨越架可调底座上的螺母旋转，进而调节跨越架地脚的高度。

为了保证齿轮间啮合不发生故障，力求传动系统平稳工作，传动系统需增加辅助齿轮组辅助传动系统与安装齿轮的转动。辅助齿轮组包括三个齿轮。其中，齿轮 1822 与齿轮 1821 啮合，齿轮 1821 的另一侧与安装齿轮啮合。通过这种设计，齿轮 1821 及齿轮 1822 作为中间传动元件，保证动力平稳地传递到安装齿轮上，使其工作更加平稳可靠；齿轮 1823 与传动齿轮组中的齿轮 1814 啮合，用以辅助稳定传动系统中齿轮的旋转，进一步保证传动系统工作的平稳。通过增加辅助齿轮，使得传动系统结构完善可靠，同时减少了震动与噪声。

2）齿轮安装方式

为了确保传动系统能够顺利运转，减少因震动或外力造成的松动风险，齿轮与齿轮轴之间需要一种简单有效的方式进行安装连接。如图 5-20 所示，上、下 U 型夹板和齿轮容纳件上设计有能够固定齿轮的安装孔，齿轮安装在齿轮轴上，齿轮轴穿过齿轮的轴孔，齿轮轴有螺纹的一侧穿过安装孔朝向安装部外侧，并且通过安装孔外侧的螺母固定，确保其与齿轮轴线对齐。具体来说，辅助齿轮组中的齿轮 1821 所在的齿轮轴固定于上齿轮轴安装口 1111 上，齿轮 1822 所在的齿轮轴固定于齿轮轴安装孔 1112 中，齿轮轴 1823 所在的齿轮轴固定于齿轮轴安装口 1113 上，传动齿轮组中的齿轮所在的齿轮轴固定于齿轮安装口 1114 上，齿轮 1812 与齿轮 1813 同轴连接，他们所在的齿轮轴固定于齿轮安装孔 1115 上，齿轮 1814 与齿轮 1815 同轴连接，他们所在的齿轮轴固定于齿轮安装孔 1116 上。这样的安装方式确保了各个齿轮及其齿轮轴在传动系统中的稳固位置，避免了工作过程中的移动或摆动，通过精确的安装和固定，传动部件之间的啮合关系得以维持，从而保证了传动系统的顺畅运转和高效工作。

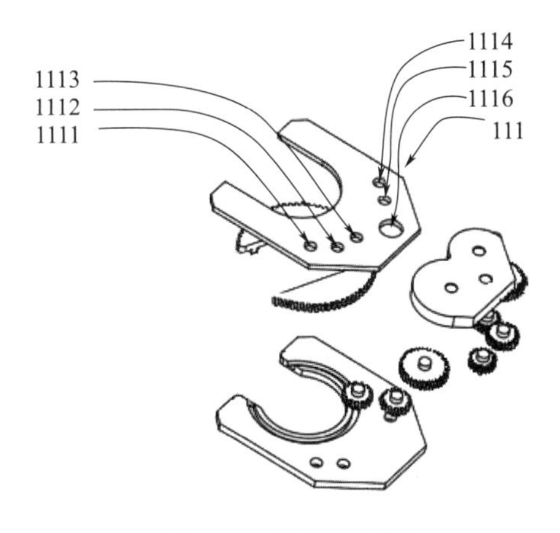

图 5-20　齿轮拆解图

6. 电动扳手损坏原因及解决办法

通过对电动扳手内齿轮等零部件的失效机理分析，扳手零部件失效的主要原因可归纳为如下几种：齿轮存在应力集中，外部环境腐蚀侵害，施工工程中的超拧动作，材质本身存在金属夹渣缺陷，零部件在制作过程中产生裂纹缺陷等。因此，在扳手的零部件生产过程中，应当严格控制加工扳手零部件所用钢材质量，不得含有过多杂质，以保证后期的扳手成品质量。同时应当严格按照基本工艺流程进行生产，确保每个零部件的生产程序保质保量地完成。在保存电动扳手时，应注意防潮，防尘及通风工作。另外，在使用扳手进行施工前，必须进行标定、检验，并且做好记录，避免在扳手工作过程中出现超拧动作。

5.4　电动扳手控制系统设计

在设计电动扳手控制系统的过程中，集中于将系统硬件设计和软件设计紧密结合，以确保电动扳手的性能不仅符合工业级标准，同时满足使用者对操作便捷性的需求。

5.4.1 系统硬件设计

控制系统采用模块化设计方法，由主控制器模块、电机驱动模块、参数检测模块、电源模块、按键电路模块、系统保护模块以及通讯模块组成。系统及各模块功能简述如下。

控制系统能实现电机转动、软启动和停止控制，以及调节电机工作电压的功能；主控制器应具有实时及快速运算、处理数据、响应中断的能力，并预留下载模块为系统后期更新升级等提供接口；电机驱动模块根据主控制器发出的控制信号进行电机的运转控制；参数检测模块能够实时采集电机的转速、温度、电流信号，为系统控制输出扭矩、系统保护提供原始运算数据；电源模块将 24V 直流电转化为 5V 直流电供控制系统运行，并将 5V 直流电转化为 3.3V 供给主控制芯片使用；按键电路模块中，操作人员能够通过独立按键和显示屏对扭矩和工作模式进行设定、选择；系统保护模块通过检测系统的温度、电压和电流来确保电机的稳定运行及系统正常工作；为了实现电动扭矩扳手的工作状态的可追溯性，系统还需配备上位机通讯模块。

下面，将分别对控制系统的各个模块进行原理分析和介绍。

1. 主控制器模块

电动扳手控制系统的核心模块是由微处理器和外围元件组成的系统主控制器模块。该模块主要负责接收传感器信号、向其他模块发送指令信号控制其他元件工作、数据存储与逻辑运算，统筹外围设备协同工作以及向上位机发送/接收信号等工作，确保控制系统能够高效、稳定地运行，实现扭矩的精确输出，完成螺母旋拧至脚手架距离地面规定的高度。

其中，主控制器芯片的选择是最重要的一环，它作为接收和发送命令信号的载体，对控制系统有宏观调节的作用。目前，主控制器芯片根据性能特点来看可以分为三类：以 89C51 为代表的基础系列，以 STM32 为代表的中端系列，以及以 FPGA 为代表的高端系列。51 系列的微处理器芯片，其体积小、工作频率较低；而 FPGA 系列的高端主控制器芯片，一般是用于图像处理、导航系统和音频算法等，它的频率很高，因此功耗也很大，且价格昂贵；STM32 作为经典的 ARM 芯片，其体积和功耗都很小，并且采用哈佛结构，技术积累性较强且使用周期长，同时，它具备良好的能耗控制性能和丰富的串口。

综合考虑，本设计采用 STM32 系列芯片，控制芯片、时钟电路和复位电路三个部分共同组成主控制器模块。

2. 电机驱动模块

电机驱动电路作为电动扳手控制系统的核心电路之一，其主要功能是实现电机的平滑启动，防止电机启动过程中出现过大的冲击电流对整个控制系统的损害，以及对信号采集电路中参数信号采集的影响。同时，良好的电机驱动电路能使电机的扭矩输出更精确，提高控制系统的整体性能。本设计采用软启动的方式，通过 PWM（Pulse Width Modulation）脉冲宽度调制控制驱动芯片结合品闸管构成电机的驱动电路。

在控制直流电机的电路中，常使用全控型驱动元件，如大功率晶体管 MOSFET、IGBT 等。这些元件具有驱动电路简单、开关频率高、体积小等优点，搭建成 H 型或者 T 型桥式电路来驱动电机启动。H 型桥电路具有较高的稳定性，所以，本设计选取场效应管组成 H 型桥电路来驱动电机运转，驱动电路只需要单一的电源，避免了开关管所要承受较高的反向电压，提高电路的可靠性。由于电机启动的瞬间具有非常大的电流，所以应使用较高耐压、耐流性能的 MOSFET 管。驱动芯片选用专门用来控制 H 桥的高频驱动芯片，使用驱动芯片控制 H 桥的导通，实现电机的稳定启动和转动方向控制。

3. 参数检测模块

电机控制采用双闭环控制结构，需要对电路电流和电机转速进行测量。

1）转速检测模块

由理论分析所建立的数学模型可知，该系统的扭矩输出与电机转速落差存在函数关系，需要采集串励电机的转速信号作为控制系统运算的原始数据，因此，需要采集模块负责电机转速信号的采集。本设计采用霍尔转速传感器进行转速测量，见图 5-21。

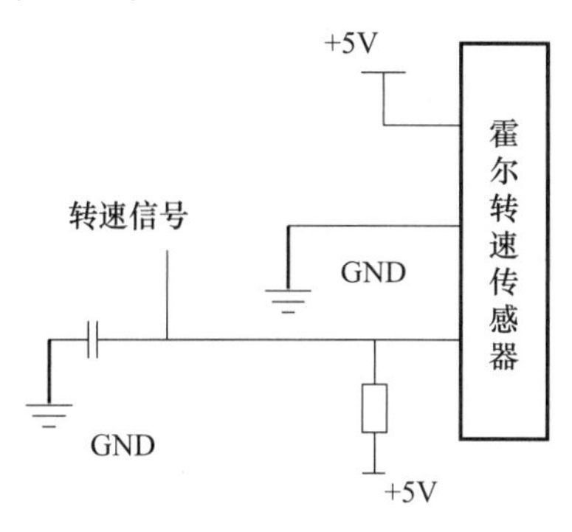

图 5-21　转速采集

霍尔转速传感器的工作原理是利用霍尔效应。当一块通有电流的金属或半导体薄片垂直地放在磁场中时，薄片的两端就会产生电位差，这种现象就称为霍尔效应。在电机转轴上安装一个圆盘，圆盘上固定若干对小磁钢，小磁钢的数量越多，分辨率也就越高。霍尔传感器需固定在小磁钢附近，当电机转动时小磁钢转过霍尔传感器，此时霍尔传感器便会输出一个脉冲，电机的转速可通过捕捉获得的脉冲周期来获得，如图 5-22 所示。

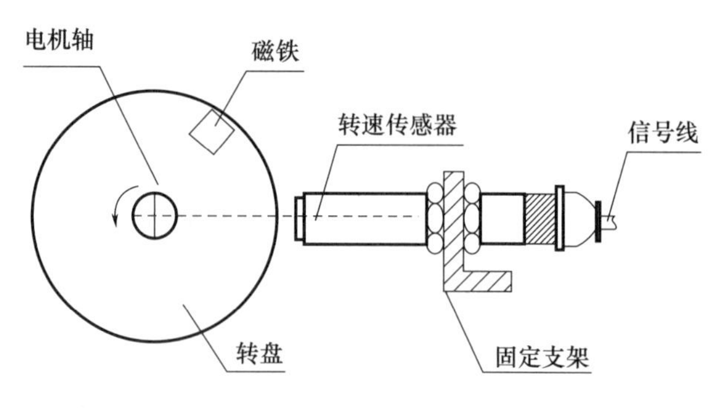

图 5-22　传感器安装示意图

本设计通过控制器芯片模块的捕捉功能，捕捉霍尔传感器产生相邻脉冲之间的时间，计算获得电机转速，并对传感器的脉冲信号设计 RC 滤波电路，除去电机运转过程中所产生的高频干扰，使获得的数据更为准确。

2）电流检测模块

电动扳手拧紧螺母是一个动态的过程，在拧紧过程中，直流电机电路中的电流将呈倍数增加，通过实验测量电流数值可达上百安培，而电路电流值是整个控制系统建立数学模型的重要参数之一，故设计准确可靠的电流检测电路是扳手控制系统的重点。

所使用的电流传感器应有较大的量程范围，例如 ACS758 型电流传感器采集电流，该传感器专门用于电路中的电流信号采集，可测量直流电或者交流电的电流。其内部主要由霍尔传感器件和铜制回路组成，工作原理是霍尔传感器检测铜制回路中电流产生的磁场，并将磁场转换成电压，再通过计算将电压准确、成比例地转换成实测电流的大小。

4. 电源模块

由于本设计的应用场景是跨越架地脚高度调整，跨越架搭设为野外工作，扳手设计主旨是便携式，所以本设计使用的供电电路为直流蓄电池，可方便工作人员野外使用。综合各个电路模块以及控制系统整体性能的考虑，选取的直流蓄电池为 24V，而定扭矩电动扳手控制系统中的电机驱动芯片需要 15V 电压，处理器和信号采集芯片等则为 3.3V，为保证各模块稳定安全运行，需将 24V 电源进行转换以适合不同元件的电压需求。

首先，通过电容对 24V 直流电源进行滤波，经滤波后的直流电源会通过稳压芯片 LM2575HVS、L7805 和 AMS1117 将 24V 分别降为 15V、5V 和 3.3V。其中，15V 用于电机驱动模块，5V 提供给检测电路模块，3.3V 用于主控制器电路模块。通过电压检测电路能够实现电源电压的分压，由此可以判断电压的状态。

5. 按键电路模块

按键电路模块是由独立按键和液晶显示器组成，用于启停扳手、参数设定与显示。其中，独立按键用于设置电动扳手的扭矩值，选择扳手的工作模式，并通过液晶显示器来显示按键的操作内容。液晶显示器可选电容触摸液晶屏，用来显示参数值。

6. 系统保护模块

电动扳手长时间使用电机会发出大量热量，导致控制系统内部温度升高，且长期使用会导致电源电压下降，难以给系统内各芯片提供稳定电压；偶尔操作人员的错误使用可能会造成电机堵转，引起电流过大，因此从安全性和稳定性考虑，设计欠压、过流、过温三个保护电路以保证控制系统高效、可靠地运行。

1）蓄电池欠电压保护模块

蓄电池充满时放电电压为 24V，需要同时供给控制系统和驱动电机，随着扳手持续工作，电池电量消耗增加，电池输出电压下降，当下降一定数值时，将影响扳手正常工作和扭矩精准度。为了保证电动扳手在较高精度下运

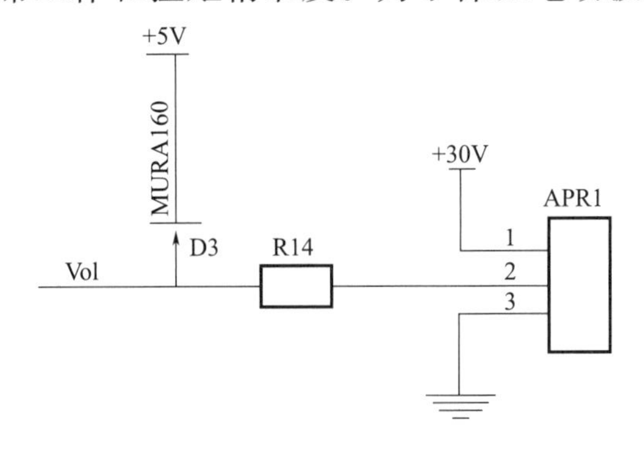

图 5-23　电压保护

行，设置检测电源电压的保护电路。通过配置相应的电阻、二极管设定参考电压连接单片机 RA0 端口，结合单片机 A/D 转换模块对系统进行保护。当检测电压低于参考电压 1 时，显示电池电量低，提醒用户对电池进行充电；当检测电压低于参考值 2 时，显示欠压保护，电动扳手无法运转。并设计防止在调节电压参考点时，电压过高，单片机引脚损坏的钳位电路。

2）电机温升保护模块

电动扳手在高强度工作状态下电机发热严重，电机受热时电机绕组的绝缘材料温度升高，绝缘材料对高温反应强烈，热量过高不仅会影响控制系统的性能，同时还会加速元器件的老化，减少扳手的使用寿命。如果温度上升太高，绝缘材料将碳化而失去绝缘性，电机绕组会因短路故障而烧毁电机。所以，需要设计过温保护电路来检测温度是否过高。

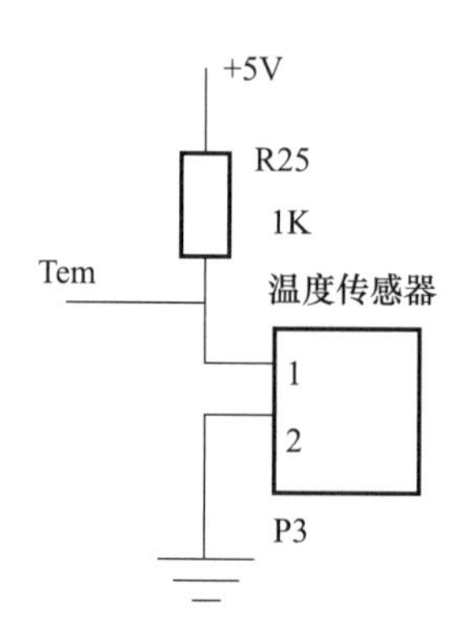

图 5-24　温度测量

选用温度传感器来检测控制系统内部的温度，要求传感器具有灵敏度高、一致性好、反应迅速等特点。结合电阻元件连接单片机端口，通过 A/D 采集模块将实时采集的温度与设定的温度值进行对比，当检测温度过高时进行过温保护，待温度降至设定阈值之下时扳手可正常工作。

由图 5-25 可得，

$$U_{R_t}=\frac{R_t}{R_t+R}\times 5 \tag{5.106}$$

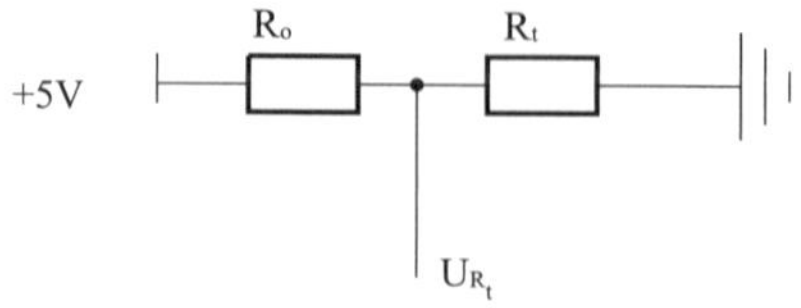

+5V　R_o　R_t　U_{R_t}

图 5-25　温度传感器测量原理

测量获得的U_{R_t}值，通过换算即可得到热敏电阻值，进而得到对应温度。在程序中设置对应温度参考点，即可实现对电机温度保护的效果。

3）过电流保护模块

扳手在进行长期的拧紧工作中，可能因机械损耗、电量不足等因素而导致扭矩精度下降。同时，当扳手按预设数学模型进行扭矩输出时，由于功率不足，电机发生堵转，此时扭矩仍未达到所设定的扭矩值，电流急剧上升，易烧坏电机和电路。故应对控制器系统设置过流保护模块。

此电路由电压比较器和逻辑电路基本单元构成。设定相应的电流参考点，通过运放电路所搭建的电压比较器与电流传感器采集的数据进行比较。若采集瞬时电流值超过参考点所设电流数值时，运放输出端为高电平，进入逻辑电路搭建的锁存器进行电平锁存，使与驱动芯片禁止输入控制端相连接的信号始终为高电平，驱动芯片禁止输入控制端为高时，停止驱动电机，扳手停止工作，从而达到对电路的保护效果。待排除故障后重新启动，通过单片机端口对锁存电平进行软件清除，扳手可恢复正常运转。过流保护电路能对扳手正常工作状态下可能存在的数据采集频率和参数计算速率不足等各种因素而产生的电流信号异常增高进行响应，减少对驱动电路与电机的损耗，延长电动扳手的使用寿命。

7. 通讯模块

为了提高系统的可追溯性，系统可扩展增加通讯模块，将电动扳手的工作情况传送给上位机。考虑到本设计的电动扳手的使用场景多为户外、施工地点多变等特点，常用的 RS-485 通讯无法满足系统需求，可采用“无线通讯＋安卓端”模式实现数据的实时通讯。目前，常用的无线通讯技术有红外技术、蓝牙技术以及 ZigBee 技术等。考虑到传输速度、可靠性等，选用 HC-06 蓝牙模块作为系统的无线通讯模块，该模块采用 CSR 主流蓝牙芯片，使用蓝牙 V2.0 协议标准，可用于各种蓝牙功能的电脑、安卓端等智能终端匹配，兼容性较好，拥有自动连接和命令响应两种工作模式。蓝牙模块与单片机串口 Tx、Rx 引脚连接，使用安卓终端作为系统上位机，系统首先将工作信息存储在 STM32 芯片中，当收到传输指令，蓝牙模块利用单片机通讯串口实现数据传输，安卓端将数据存储于内部 SQLite 数据库，为后期工程分析提供原始数据。

5.4.2 系统软件设计

1. 电动扳手控制器软件设计流程

电动扳手控制器不仅要求能够实现扳手对力矩的精确控制、驱动电机双向旋转，还要能够采集电路电流和电机转速数据，对控制系统进行过电流保护、蓄电池欠电压保护、电机升温保护。同时，可以对电动扳手的工作状态和扭矩数值进行存储，并与计算机通讯。这就决定了在编写软件时，需要设计合理的 PWM 波电机软启动程序、电机转速检测程序、高速 AD 采集程序、液晶显示驱动程序、按键中断程序、参数校准程序和上位机通讯程序。系统具体软件流程图如图 5-26 所示。

控制系统软件设计总方案的具体流程如下：

① 系统通电后首先初始化各端口和寄存器。随后进行电源电压检测，若电源电压低于设定值，则会在液晶显示屏上显示“欠压”字样，提醒操作人员更换电源或者对蓄电池充电。

② 若检测的电源电压正常，则进入“检测校准按键是否按下”界面，若校准按键按下，则进入参数校准界面，在参数校准界面可对控制系统的参数进行校准；否则就进入扭矩设置界面。

③ 通过选择方向开关来确定正、反转，然后按下启动按键，同时系统进行温度检测，若温度过高则跳出循环，等待温度正常方可继续工作；若温度正常则进入 PWM 驱动程序，电机开始运转。

④ 在 PWM 驱动程序中，将单片机设置为 PWM 模式下，然后设定初始周期和初始脉宽值。之后启动定时器，将 PWM 脉宽递增至 100%，然后将 PWM 模式关闭，此时单片机的 RC2 引脚置“1”，保持电机平稳运转。

⑤ 电机平稳运转时系统会采集转速、电流信号，将采集的转速、电流信号输入单片机中，通过单片机内部的 A/D 转换成数字量，将数字量带入预设在单片机中的数学模型中来计算此时的扭矩是否达到设定的扭矩。

⑥ 若通过数学模型计算的扭矩达到设定的扭矩值，液晶显示屏显示“完成”字样，2s 以后自动跳转到扭矩设置界面。

⑦ 若通过数学模型计算的扭矩小于设定的扭矩值，则继续执行循环，同时检测电流、温度等参数是否异常，若有参数异常，则扳手停止运转，需等待故障排除后重新启动；若各参数值正常，则扳手继续工作。

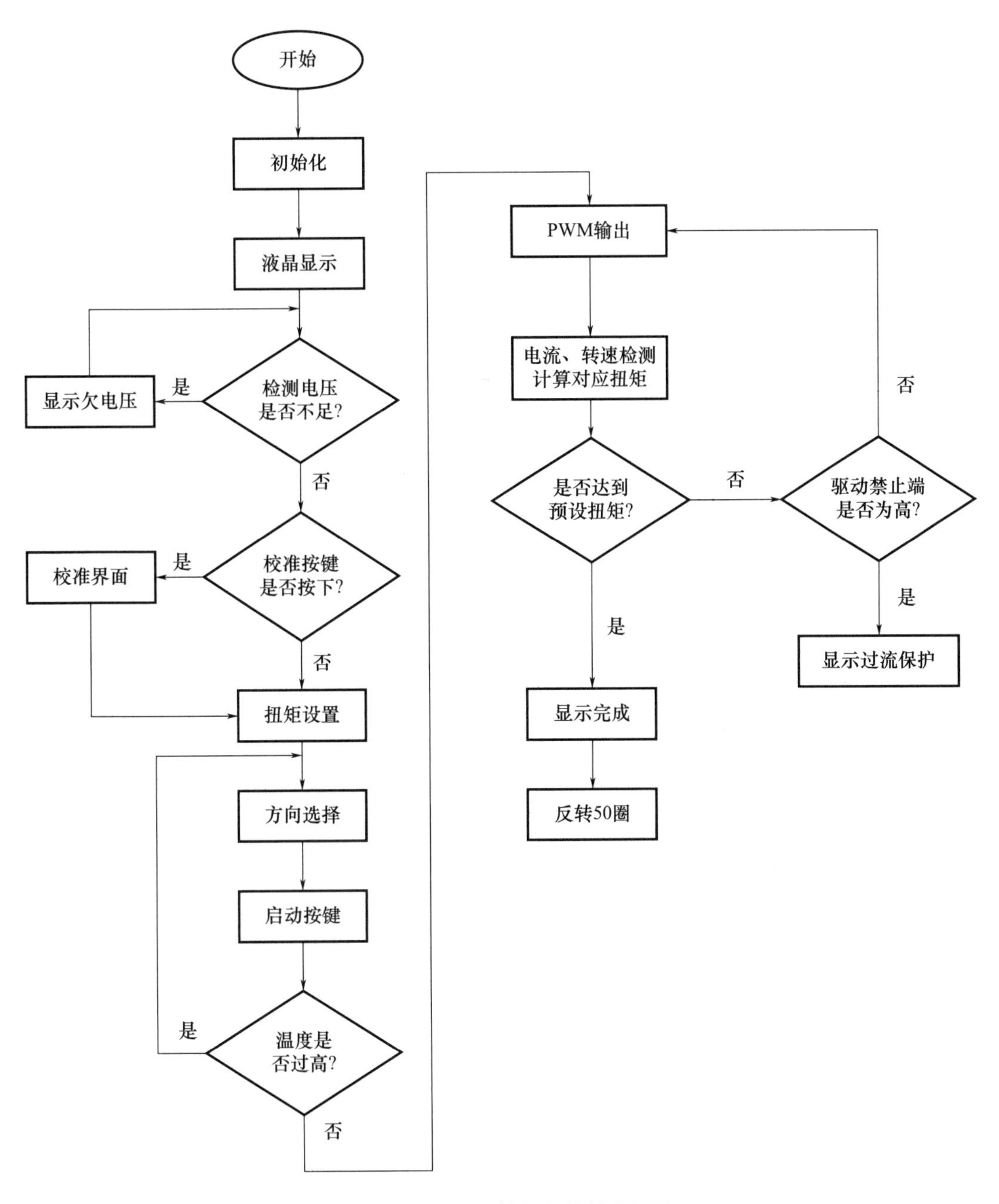

图5-26　系统总体方案控制流程图

2. 电机驱动控制程序

电动扳手在启动的瞬间，其启动电流较大，会影响系统对信号的监测，从而大大地降低了扳手使用的可靠性。因此，控制系统采用电机软启动的方式来提高扳手的稳定性，这样不仅避免了增加其他硬件模块，同时又保障了检测模块的正常运行。当PWM脉宽逐渐达到100%后，关闭脉冲功能，能够保证其他检测模块正常检测，并使系统稳定运行。若系统发生故障，则电源自动停止供电，扳手停止工作。见图 5-27。

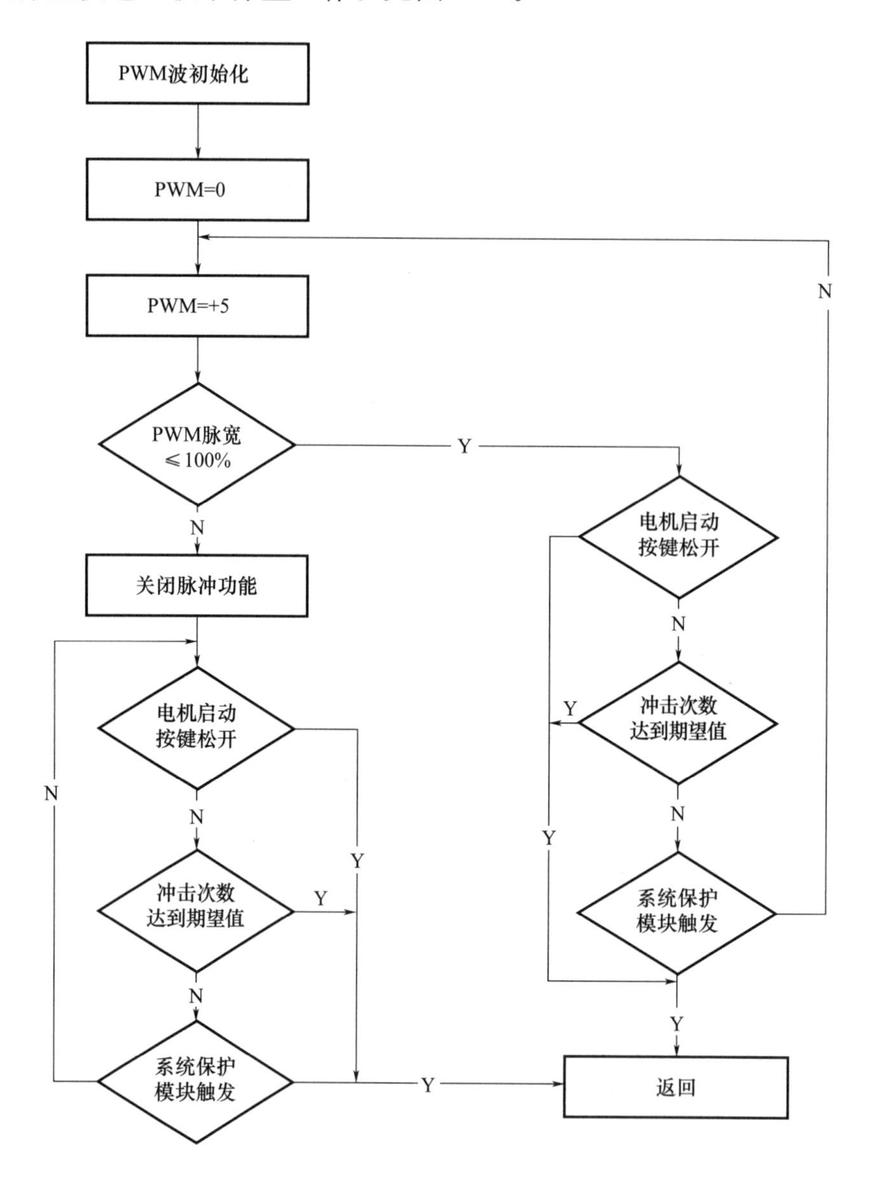

图 5-27 电机软起动流程图

3. A/D 采集模块软件

对于传感器采集的信号，在控制的过程中要通过 A/D 采集子程序来对上述模拟信号进行采集，主控制器自带的高速 A/D 转换模块完全可以达到控制系统的工作要求，因此，无须外接电路。为了排除在采集过程中存在的干扰因素影响，在其子程序中引入加权平均滤波的方法进行处理，见图 5-28。

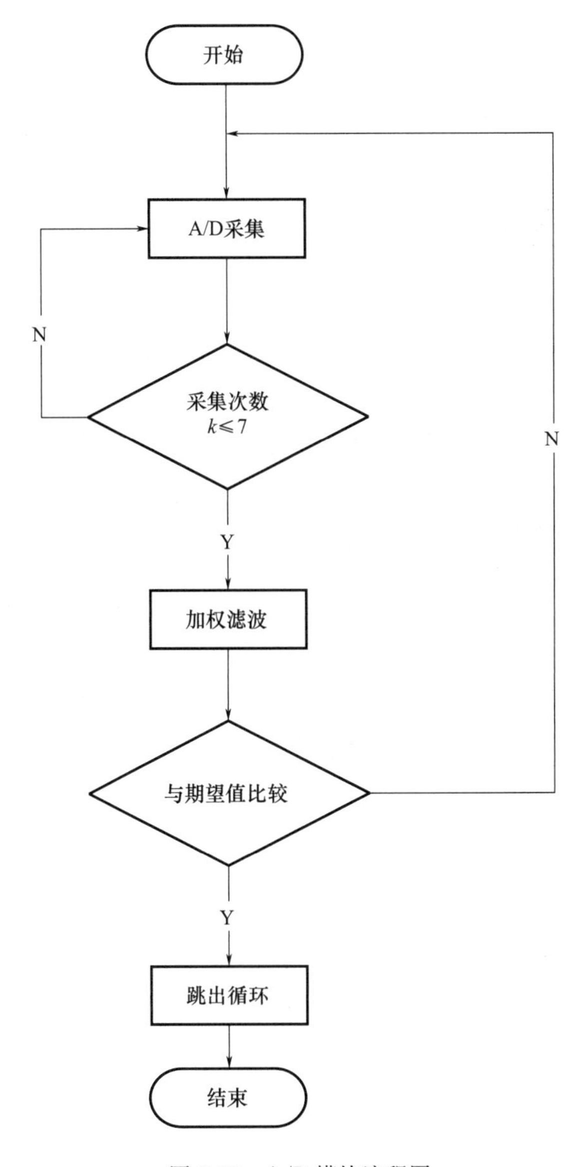

图 5-28　A/D 模块流程图

4. 模糊 PID 程序

为保证模糊 PID 控制器能够良好地运行，需要对其进行良好地程序设计以达到期望的功能，模糊 PID 控制流程图如图 5-29 所示。程序开始后需要初始化输入、输出端口，随后对参数信号进行采样并计算输入量的偏差和偏差变化率，然后判断 $e(k)$ 和 $ec(k)$ 是否处在模糊论域中，再把 $e(k)$ 和 $ec(k)$ 两个参数模糊化处理，使用设计的模糊控制规则求出 ΔK_p、ΔK_I、ΔK_D 的值，并通过前述计算出 K_p、K_I、K_D 的值，最后更新控制器的输出，程序完成。

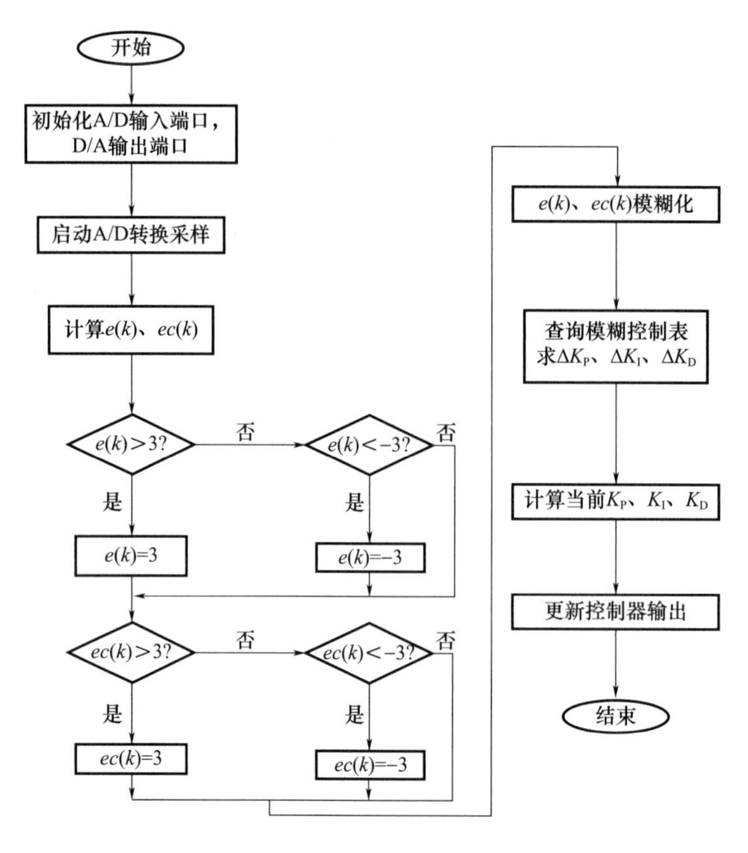

图 5-29　模糊 PID 控制流程

5.5　电动扳手使用方法

作业人员在进行操作时，首先按动主开关，跨越架地脚调整电动扳手整体供电，作业人员根据现场需要判断需要调整承插型盘扣式跨越架的地脚高度，通过换向开关来调整安装齿轮旋转的顺时针、逆时针旋转方向。此时，按动复位开关按键使安装齿轮开口位置回零，使安装齿轮卡住跨越架可调底座上的螺母，按动启动停止开关按键，根据高度需要调整承插型盘扣式跨越架地脚升高或降低的程度。

第 6 章

跨越架搭设平台作业流程及注意事项

6.1 平台作业流程

使用跨越架搭设智能移动平台的作业总体流程如图 6-1 所示。

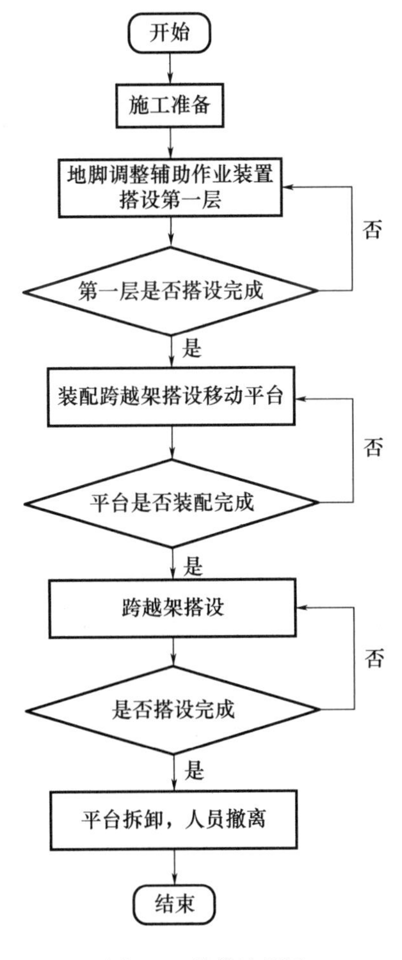

图 6-1　总体流程图

在使用本平台搭设承插型盘扣式跨越架时，首先需要完成承插型盘扣式跨越架第一层的搭设工作，这一层的搭设包括以下步骤。

1. 施工准备工作

首先，必须确保施工现场的安全，并提供所需的承插型盘扣式跨越架钢管和跨越架搭设智能辅助作业平台机械子系统。所用钢管应符合规定的质量标准，并经过检验和认证以确保其强度和稳定性能够满足施工要求。平台机械子系统包括横移系统、纵移系统、载人平台、物料吊运系统。在准备钢管和机械子系统时，工作人员应仔细检查机械子系统的质量以确保其满足相关的技术要求，必要时可以进行试验和检测，以验证其性能和可靠性。其次，采取必要的安全措施，如设置警示标志和栅栏，以防止未经授权人员进入施工区域。

2. 安装第一层基础支架

跨越架第一层的稳定性和质量是确保整个跨越架系统安全运行的重要保证，因此在安装过程中必须严格按照规范和标准进行操作，并进行必要的检查和测试。首先，确定跨越架的安装位置，根据工程设计和要求进行准确的测量和标记，确保安装位置符合规定，并且适合跨越架的安装和使用。然后，进行基础支架的准备和安装。具体的选择取决于工程要求和环境条件，以确保基础支架的质量和结构稳定性，以及承受整体跨越架的重量和满足施工过程中的力学要求。在安装完基础支架后，采用电动扳手对跨越架可调底座上的螺母进行调整，以调整跨越架地脚高度，确保地脚与地面或建筑物接合紧密，并采取适当的固定和支撑措施，使其稳定性和耐久性得到保障。基础地脚和第一层横杆装配的实物图如图 6-2 所示。

图 6-2　地脚和第一层横杆的装配、调整

当安装完第一层基础支架后，需要进行严格的检查和测试，以保证其质量和符合规定要求，必要时可以进行结构强度测试和安全评估，以验证基础

支架的可靠性和稳定性。通过安装跨越架的第一层基础支架，为上层跨越架提供稳定的基础。进一步，可以在第一层跨越架基础上继续搭设跨越架搭设智能移动平台，为工作人员提供安全和便利的作业平台。

3. 组配机械子系统

为了提供一个高效、安全的作业平台，将跨越架搭设智能移动平台的各个机械子系统组装在第一层基础支架上，所用机械子系统包括横移系统、纵移系统、载人平台、物料吊运系统。所用机械子系统提供了平台横向和纵向的移动能力，使得跨越架搭设智能移动平台可以根据实际需求在跨越架上进行精确的定位移动和调整。载人平台位于移动支架的内侧，可以跟随移动支架移动，为工作人员提供了一个稳固的工作平台，使得施工作业更加高效和安全。

第一步，安装横移机械系统。将横移机械系统支架上的支脚固定于跨越架第一层架体上，确保横向移动支架可以沿着跨越架的横向铺设方向实现稳定的水平移动。横向移动支架的安装过程如图 6-3 所示。

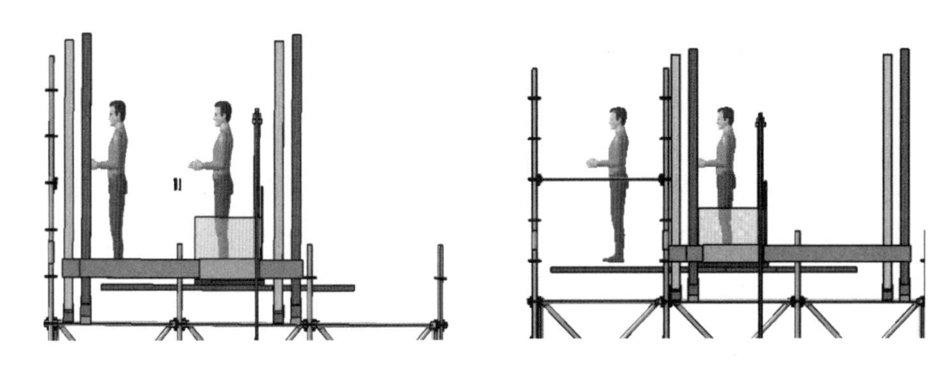

图 6-3　横向移动支架

第二步，安装纵移机械系统。纵移机械系统支架垂直于横移机械系统支架的内侧，可以在垂直方向上进行升降调节，通过电动机驱动可以使移动支架根据需要攀爬到跨越架的搭设位置。将纵移机械系统支架上的支脚固定于跨越架第一层架体上，并将横移机械系统与纵移系统的连接处进行连接固定，完成后可进行升高操作。首先其中内侧纵移子系统提升并固定在横梁上后，外侧纵移子系统提升固定，最终完成跃层工作。纵移机械系统的安装过程如图 6-4 所示。

第三步，安装载人平台。将载人平台安装固定于纵移机械系统的安装支架上，在合适的位置将平台的主体结构和安全扶手及其他安全防护设施逐步安装到载人平台上，在组装过程中需确保各个组件的质量和结构稳定性，同时进行严格的安装、固定和连接操作，确保各零件之间紧密结合，以提供可靠和安全的作业平台。

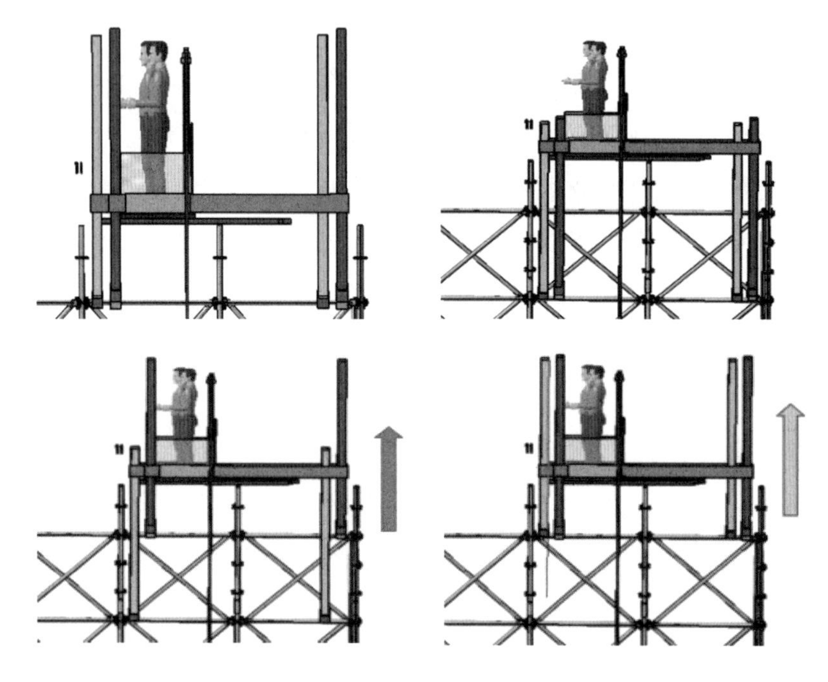

图 6-4 纵向移动支架

在完成机械子系统装配后，还需进行必要的测试和调试，以验证机械子系统的功能和性能，确保横移和纵移机械系统的平稳移动，并确保载人平台的稳定性能够满足施工要求。

4. 安装第二层架体

在测试和调试完成后，工作人员需要登上跨越架搭设智能移动系统载人平台上。在登上平台之前，工作人员要仔细检查并确保已经做好所有的安全措施，包括佩戴个人防护装备，如安全帽、安全带和防滑鞋等，一旦工作人员登上了载人平台，便开始进行跨越架的搭设工作。

首先，搭设跨越架的第二层架体。工作人员根据设计图纸和施工计划，将所需的材料和工具放置在合适的位置，并按照预定的程序进行工作，使用跨越架搭设智能移动平台自带物料吊运系统将材料送至所需的位置，第一层由人工直接搬运至设备平台，高层采用平台两侧自带小型起重机进行吊运，然后按照跨越架搭设工艺流程完成一端跨越架架体的搭设。高层平台自带小型起重机进行吊运材料的过程如图 6-5 所示。

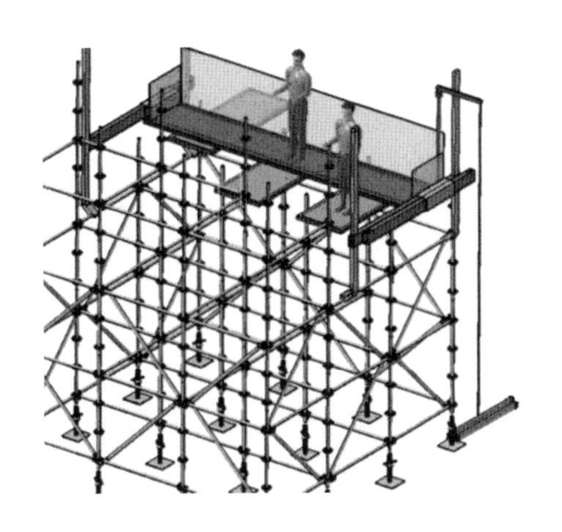

图 6-5　高层平台自带小型起重机吊运材料

然后，作业人员使用人机交互平台来控制跨越架搭设智能移动平台在第一层跨越架上进行横向移动，以便继续沿横向对跨越架体进行搭设，该人机交互平台可以通过操作界面和控制按钮来控制跨越架搭设智能移动平台的移动，使得工作人员可以方便地控制移动平台在跨越架上的移动位置和方向。作业人员按照相同的步骤沿横向进行跨越架搭设工作。

完成第二层跨越架的搭设后，作业人员再次使用人机交互平台来控制跨越架向上攀爬，固定跨越架支脚于第二层跨越架横杆上，以确保整个结构的稳定性。随着工作的进行，作业人员按照相同的模式逐层地搭设跨越架的架体，依次完成第三层、第四层，直至完成整个跨越架的搭设。在整个搭设过程中，要严格遵循安全操作规程，密切关注作业环境的变化，及时进行必要的检查和维护，确保作业平台的稳定性和作业人员的安全。

5. 拆卸机械子系统

完成跨越架整体的搭设后，由工作人员进行最终的检查和测试，确保所有系统和结构都符合设计要求。工作人员应仔细检查跨越架的各个部件和连接点，确保没有松动、损坏或缺陷。

完成上述工作后，工作人员按照顺序开始拆卸机械子系统。首先，解除各个子系统的连接和固定，然后逐步拆卸各个部件。在施工过程中，工作人员确保拆解过程中不会对任何部件或系统造成损坏。机械子系统被拆解下来后，工作人员需使用物料吊运系统将各个机械子系统吊运到地面，将机械子系统安全地降落到指定位置。在吊运过程中，工作人员需严格遵循安全操作规程，确保吊装过程平稳、可控和安全。当所有机械子系统被吊运到地面后，工作人员进行最终的清理和整理工作，保证工作现场的整洁和安全。

6.2 作业流程操作要点

作业流程操作要点如下。

① 在进行作业前，工作人员需要进行一系列的检查，以确保所需的工作装置配备整齐。要仔细检查地脚调整电动扳手的数量和状态，并按照规定进行排列和摆放，以便于调整地脚时使用。同时，工作人员应检查地脚调整电动扳手电量情况，通过查看电池或电源的电量指示，确保装置处于电量充足状态。如果发现电量不足的情况，应及时更换电池或进行充电，以确保其正常运行。此外，工作人员还应对各装备的外观进行严格检查，排除各个装备存在破损、变形或其他异常情况，及早发现潜在问题。如果发现任何破损情况，应采取适当的措施进行修复或更换，以确保装备能够安全可靠地使用。

② 检查和维护措施对于跨越架搭设智能移动平台在后续跨越架的安全搭设来说至关重要。在将移动平台搭设在跨越架第一层后，为防止连接处的不稳固影响系统整体稳定性，工作人员需确保各个机械子系统组合安装的连接处牢固可靠，不能出现滑动、松弛等情况。在搭设过程中，作业人员应仔细检查每个机械子系统的连接处，使用合适的工具和设备确保连接螺栓、螺母或其他连接件正确安装，并按照规定的扭矩进行紧固，同时确保连接处的紧固程度符合要求，防止出现松动或滑动的现象。如果在搭设过程中发现任何连接处出现滑动、松弛或其他异常情况，工作人员应立即停止工作，仔细检查连接处的紧固件和连接接口，确认是否有材料损坏、紧固件松动或其他问题导致的连接失效。如果发现问题，工作人员应采取适当的措施，如重新紧固螺栓、更换损坏的部件或进行修复，以确保连接处的稳固性和可靠性。通过及时发现和解决连接处的问题，工作人员可以确保整个系统的稳定性和安全性，避免潜在的事故风险。

③ 在使用跨越架搭设智能辅助作业系统辅助搭设跨越架时，工作人员的安全是至关重要的。在进行作业前，工作人员要检查安全带的整体状况，排查安全带是否有损坏、磨损或裂纹等问题。如果发现任何问题，如绳索破损或金属部件损坏，应立即停止使用并及时更换安全带。此外，工作人员应严

格遵守安全带的使用规范，并在作业期间始终佩戴安全带及安全帽以确保其可靠性和安全性。总之，作业人员在施工过程中要加强安全意识，按照规定做好必要的安全防护措施，确保在安全的条件下完成作业任务。

④ 在使用跨越架搭设智能移动平台搭设跨越架的过程中，当完成一处跨越架的架体搭设后，作业平台需要进行横移或纵移时，作业人员应在平台上找到合适的站立位置，确保双脚稳固地站在载人平台上，确保双脚与平台表面有良好的接触，以增加稳定性和平衡性。此外，工作人员还要与其他团队成员进行沟通，确保彼此都准备就绪，并确认移动操作的计划和步骤，遵守规定的信号和指示，确保操作的协调性和安全性。如果工作人员没有站稳或没有做好准备，禁止进行平台的移动操作，防止意外事故的发生。通过上述准备和措施，可以最大程度地减少移动平台移动时的潜在风险，并确保作业人员的安全。

⑤ 在输送物料时，确保承插型盘扣式钢管的刚性性能符合要求。在吊运物料之前，工作人员应仔细检查，确保承插型盘扣式钢管本身没有损坏、裂痕的迹象。其次，应仔细检查承插型盘扣式钢管的结构和连接部位，确保没有明显的变形、损坏，如果发现任何问题，工作人员应立即停止吊运操作，并采取相应措施，更换受损材料，以确保承插型盘扣式钢管的刚性性能满足要求。

此外，在物料吊运过程中，工作人员要确保地面上的其他工作人员注意避让，可以在吊运区域周围设置明显的警示标志或隔离措施，以提醒其他人员保持安全距离，避免进入危险区域，降低潜在的人身伤害风险。工作平台上的作业人员在吊运开始之前做好相应的准备工作，包括站立稳定、调整姿势、确保工具和设备的安全固定等。同时，工作人员应密切关注吊运过程，以便及时采取行动，如迅速躲避或保护自己，以应对意外情况的发生。上述安全措施能够最大程度地减少潜在风险，确保工作人员的安全并顺利进行物料的吊运。

⑥ 完成跨越架的搭设后，在拆除作业平台和电气连接件等装置时，必须按照拆卸步骤顺序进行拆卸，确保拆卸过程安全可靠，减少潜在的意外风险。工作人员应仔细研究和遵循拆卸步骤，可以参考相关的拆卸指南、图纸或说明书，了解每个装置的拆卸方法和标准，以确保每个步骤按照正确的顺序进行。

在拆卸过程中，工作人员应小心操作，注意不要强行拆卸或损坏部件，以确保拆卸过程的平稳进行，并避免不必要的损坏或意外发生。当需要对平台机械子系统进行吊运时，工作人员应将机械系统牢固地固定在物料吊运系统上，避免机械系统在吊运过程中晃动或脱落。最后，当机械系统将要到达地面时，工作人员应采取缓慢行进的方式进行放置，确保平稳地将机械系统放置在地面上，防止设备受到冲击或摔落。按照上述步骤顺序进行拆卸，能够确保拆卸过程的安全性，有助于减少潜在的风险，保护作业设备和工作人员的安全。